U0236359

胡 海◎编著

养好宠物龟

手绘图鉴

化学工业出版社

·北 京·

龟是吉祥的象征。宠物龟以其安静温顺、可爱耐养等特点深受大众喜爱。本书详细介绍了三大宠物龟：水龟、半水龟和陆龟共45种宠物龟的特点、生活环境搭建、喂养方法、繁殖、龟病防治等内容，是龟友们饲养宠物龟的指导用书，也是爱好者了解宠物龟相关知识的重要参考资料。

本书作者是一位超级龟友，有将近20年的养龟经历，熟悉龟宠市场，本书包含了作者亲身经验和体会，相信会使龟友们得到启发。

图书在版编目（CIP）数据

养好宠物龟手绘图鉴／胡海编著. —北京：化学工业出版社，2018.9（2025.4重印）

ISBN 978-7-122-32632-4

Ⅰ. ①养… Ⅱ. ①胡… Ⅲ. ①宠物－龟科－淡水养殖 Ⅳ. ① S966.5

中国版本图书馆 CIP 数据核字（2018）第155644号

责任编辑：宋 辉
责任校对：王 静
装帧设计：溢思视觉设计 E-mail: isstudio@126.com

出版发行：化学工业出版社
（北京市东城区青年湖南街13号 邮政编码100011）
印 装：天津裕同印刷有限公司
710mm×1000mm 1/16 印张14½ 字数274千字
2025年4月北京第1版第9次印刷

购书咨询：010-64518888
售后服务：010-64518899
网 址：http://www.cip.com.cn
凡购买本书，如有缺损质量问题，本社销售中心负责调换。

定 价：78.00元

前言

龟宠是一种情结，龟宠是一种陪伴，龟宠更像一条漫长的小路，需要我们用整个生命去走；龟宠又像一首无字的歌，需要我们用整个身心去聆听。

在龟友之家论坛上，笔者从最初的水龟版版主，到后来全版块的超级版主，不知不觉有十年了。在漫长的养龟育龟路上，洒下了一串串小脚印，陪我踏过花鸟市场大大小小的爬店，穿梭于宠友茶余饭后一段段有趣的故事，让我的生命充满了快乐和充实。在论坛上，通过笔尖，我细细地记录下养龟的每一点心得，从龟宠的鉴别、喂养到选育，内容越来越多，也日渐系统化。

厚积而薄发，便有了此书的开始。作为一个从小画画的艺术生，本书的插图、解说图自然是纯手绘。虽然工作繁忙，但看到一只只小龟跃然纸上，我乐此不疲。虽然本书经过一页页的审核补充，一行行的字斟句酌，但仍有不足之处，还请读者指出。

本书就像一台摄像机，先是一个全景，看看这五彩缤纷的龟世界，随后摄像机推入画面，这时候你会看到龟宠也分种族，有生活在水里的水龟、生活在水边的半水龟，还有生活在陆地沙漠的陆龟，它们有的温柔可爱、有的霸气十足、有的黑如墨玉、有的绿如翡翠，不同的地理环境，造就了不同的体貌特征，而不同的体貌特征，又形成了不同的生息繁衍。

在镜头的推拉摇移中，每种龟，从整体的习性习惯，到区分亚种间的微妙，一一尽显画面中。

当您对以上了解后，就是挑兵选将了，怎么做一个龟龟的伯乐，我来给您娓娓道来。在养龟的实践中，我相信你一定会进步神速，成为一个龟江湖的真正高手。

养龟让人心静，让人的生活慢下来，在科技飞速发展的今天，养龟更像是一种回归，在慢慢养、细细品的过程中，人不由得也慢了下来，心境平和起来。

养龟养心，祝愿龟友们慢工出好活儿。

编著者

目录

第一章
五彩缤纷的龟

一、龟类起源

当您还不了解龟时，也许觉得它很不起眼，如果您打开这本书，就会发现龟其实是五彩缤纷的。龟的品种有近三百多种，是现存最古老的活化石。除了有着坚固的甲壳保护外，最大的特点就是寿命很长。

龟比人类早出现两亿多年，应该是地球的元老级居民，而较早引起人们关注的，是一个一个刻满甲骨文的龟板。最早有记录的是在南非二叠纪的古龟，已具有骨质外壳，三叠龟与原始龟也已成龟形。在侏罗纪，我国四川省曾有两栖龟和侧颈龟两亚目动物的分布。从字形上也可以看出，“龟”，保留了原始体型，背着坚硬的外壳，极像一只穿了盔甲的恐龙。盾片与骨板逐年增长，每个盾片每生长一年或者一个阶段，就会形成一个同心圆一样的圈，叫作生长纹，就像树的年轮一样。这种生长纹，不但出现在每个盾甲上，还出现在四肢的鳞片上，甚至硬质的嘴上（我们叫作喙）。这种生长纹，被誉为龟的“身份证”。通过这些生长纹，

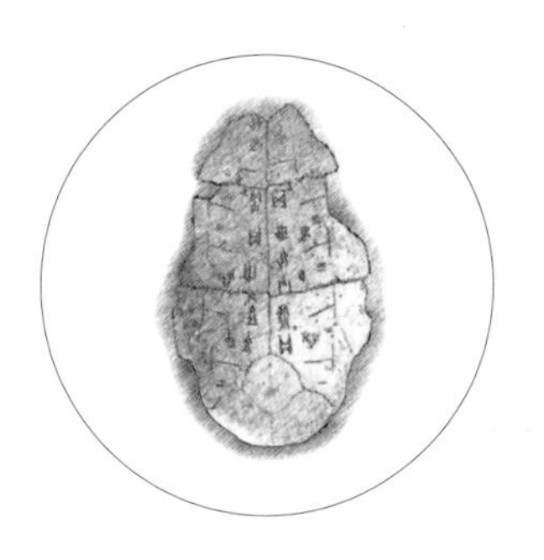

我们不但能知道龟前几年的生活状态，还能知道最近的生长是否旺盛。就像一份加密的个人档案，读懂它，你就能看懂龟。

有句俗话形容龟的特点，叫“十三块六角”，很形象地概述了龟的背甲是由十三块大的盾甲组成的，四个擅长游泳或攀爬的肢体和利爪，还有一头，一尾，加起来就是六个角。

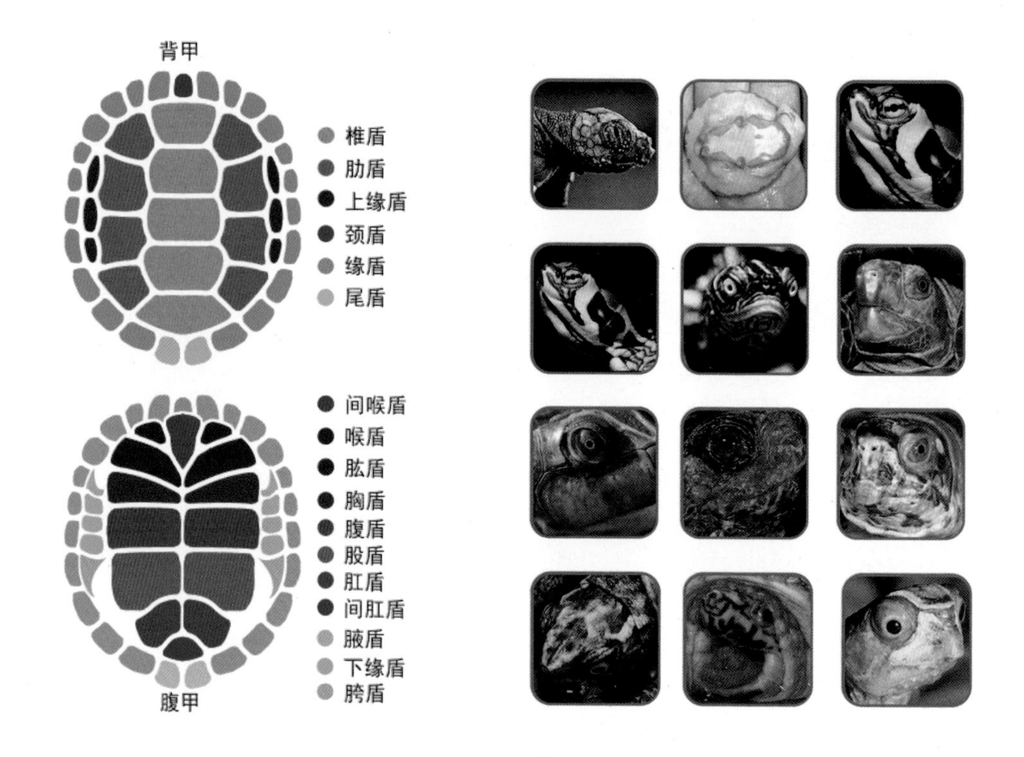

通常，龟的前爪为五爪，后爪为四爪。从头部的伸缩来区分，有较为原始的侧颈龟和进化的曲颈龟，当然最原始的龟是不会缩脖子的，就像如今的鹰嘴龟。

先来认识认识千变万化的庞大龟家族们吧。

二、龟之最

售价最低的龟：巴西龟苗。平均在1.5 ~ 5元徘徊。

售价最贵的龟：金头闭壳龟。能够买到的最贵宠物龟苗，真的可谓“价值连房”了。

分布最广的龟：巴西龟。

分布最少的龟：云南闭壳龟。相传已经灭绝，最近又有活体再现，零星繁殖，算国内最少数量的龟。

体型最小的龟：迷你麝香龟。生活在美国佛罗里达州，成年后也就五厘米多点。袖珍的它，让人总以为还是个苗。

（图：棱皮龟）

海洋最大的龟：棱皮龟。最大体长达3m，体重900kg，个别达到1t，现存最古老的龟之一。

陆地最大的龟：加拉帕戈斯象龟。体长超1.5m，重320kg。

最大的淡水龟：大鳄龟。壳最长90cm，全身长超1.5m，体重达107kg。

适应温度最高的龟：侧颈龟亚目的所有科属无一例外地只分布在各大洲的赤道周围，而且偏向更热的南半球。

适应温度最低的龟：西锦龟。冬眠时候冻成冰块也没事。

湿度最干的龟：饼干龟，埃及陆龟。饲养的时候，需要用干燥剂来降低湿度。

水质最广的龟：鳄龟。从弱酸到汽水，海水都能很好地生存。

水质要求最严的龟：猪鼻龟。猪鼻龟的运输和饲养，都要像养热带鱼一样，必须配备强大的过滤设备。

爪子最多的龟：沼泽侧颈龟。俗称头盔侧颈龟，前后各五爪。

爪子最少的龟：三爪箱龟，前五后三爪。四爪陆龟，前后均为四爪。两爪鳖，前面只有两个爪。

盾甲最少的龟：窄桥匣子龟。腹甲只有八枚，并且无桥甲。

盾甲最多的龟：大鳄龟。除了其他盾甲齐全外，还多了两排上缘盾。

寿命最短的龟：锦龟类。代谢快，野外普遍寿命15年。

寿命最长的龟：吉尼斯世界纪录认证的、寿命最长的龟是名叫“哈里特”的加拉帕戈斯象龟，2006年在澳洲去世，享年超176岁。仍然健在的最长寿的龟叫“乔纳森”，刚过184岁生日，同样也是加拉帕戈斯象龟。海龟寿命也相当长，因为保护级别高，没有数据，理论上是150岁到300岁。

攀岩最强的龟：鹰嘴龟和饼干陆龟。它们都是攀岩高手，有个共同的特点，就是体形都很扁，重心更贴岩壁。也是越狱能力最强的龟。

最会钓鱼的龟：大鳄龟，舌头进化成蚯蚓一般的钓饵。捕食方式以钓鱼为主。

狙击最准的龟：玛塔龟，也叫枯叶龟，被称为“微笑的狙击手”，它的口腔能形成真空吸力，速度肉眼无法看清。

脾气最大的龟：鹰嘴龟，几乎无法混养，必须单养，除了会咬人，呼气发威，还会甩尾巴抽打。

互动最好的龟：陆龟，食素的龟都有很好的互动。能温顺地吃手上的食物。

眼睛最大的龟：锦龟，巴西龟一类的龟，眼睛都像青蛙一样，高高凸起，水质恶劣时候很容易感染。

眼睛最小的龟：玛塔龟，伪装大师，几乎发现不了眼睛，眼睛里的花纹以及颜色和旁边的皮肤融为一体。

三、养龟初探

如何养龟？需要做到以下几点。

① 先看资料后入龟，切忌冲动，切忌被龟龟的萌相所骗。目前市场上大多是巴西草龟，巴西龟是入侵物种，千万别买了去放生。草龟几乎都是激素龟，如果盲目购入，基本上都是问题龟。

② 不要入苗。第一年的龟苗，虽然可爱极了，可是它极其脆弱，不要因为你的喜爱而拿它练手，留下遗憾。

③ 切忌爱不释手。 龟龟到家，如果每天放手心上，放相机前，甚至一起睡觉，那么龟龟就离生病不远了，原因很简单，你是恒温动物，手很热，它是变温动物，一年四季，龟龟体温都在变化，水里一冷，手心一热，如此反复变换，龟龟很容易感冒。

④ 一天晒两小时。龟龟爱晒太阳，也要有个度，很多人晒多了，不是龟变成一碗热汤了，就是越狱追寻它的自由去了。

⑤ 尽可能不要混养。做到品种不混，大小不混，健康生病不混。

⑥ 切忌懒惰，换水要勤快，水盆要清洁。

⑦ 井水、烧开水、放盐水都不能用。井水不是冷了就是热了，除非放个三小时，水温变成常温了再用；井水中矿物质含量高，水硬，有些龟不适合；烧开的水，完全没必要；盐水，虽然有杀菌功能，但是更大的弊端是容易让龟浮肿和脱水。

⑧ 主人出差时务必寄养，或者提前给龟停食两天。很多人觉得龟饿不死，所以认为出差没事，一般有两种情况比较常见：一是怕饿到，走的时候扔了很多龟粮或者小鱼；二是怕龟龟没太阳晒，放室外天生天养。这两种情况都比较危险，第一，吃不掉的食物，会变质，腐烂，污染环境。等你回来，龟不是腐皮，就是白眼，甚至堵住过滤，水漫金山；第二，户外自生自灭，龟有可能会被晒干，或者被鸟欺负，甚至变天冻感冒，越狱坠楼。因此，不在家时最好能寄养。实在不能寄养，就饿两天，走时水换干净，安放在室内角落里，通风，透气，天然光照，最少安然半个月。

⑨ 小心骗局。看到很多售价低廉，或者换龟的，千万要注意。

⑩ 网购龟龟拼人品。网购龟龟时最好用中介，实在不行就在淘宝网购买。网购商家的龟龟，谨防货不对板，商家的图片看似一切都很满意，到货后的龟龟打开一看，不是腐皮，就是烂爪，甚至有的都没精神。如果能用中介，第一，商家不会乱发货；第二，通过开箱视频可以避免很多麻烦和误会；第三，万一碰到无良商家，不会孤军奋战，龟友的眼睛是雪亮的，中介也会为你伸张正义。

入门龟种：

巴西龟、草龟、花龟、黄耳龟、黄喉龟、火焰龟、食螺龟、地图龟、麝香龟、剃刀龟、果核龟、白唇龟、红面蛋龟、小鳄龟、大鳄龟、长颈龟、黄头侧颈龟、头盔侧颈龟、八角灵龟、缅陆龟、红腿龟、赫曼龟、欧陆龟。

入门忌购龟种：

鹰嘴龟，凹甲龟，黄额盒龟，枫叶龟，刺山龟，乒乓印度星龟。

四、龟在坚持

养龟不在多，而在精，养龟更不在频繁换龟，龟在坚持。

养龟是一件漫长的事，养龟久了，有可能会钻进无聊的瓶颈期。

好多人养了小鳄，换大鳄，大鳄换玛塔，玛塔换墨西哥，墨西哥换窄桥……龟档次高了，但是最后，开始迷茫了，这时就需要你坚持的了。

笔者有一只龟养了十六年，为了这只并不受欢迎、冷门的大鳄龟，笔者学习了怎么制作大型鱼缸，并学会了造景，搭建强大的过滤循环。鹰嘴龟坚持养了八年多，因为屎很臭，多次有想售出的念头，可是，还是留下了感情，舍去了利益。

朋友，当你因为太大，太臭，太麻烦，万般理由而要放弃那只龟的时候，好好回忆昨天初见它的那份激情，看看龟龟那无辜的眼神，想想你就要失去它的明天。默念四个字：“龟在坚持”。

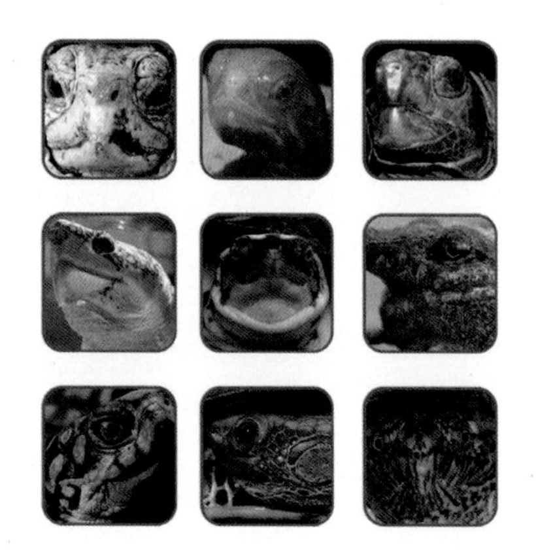

(图：星龟美丽的背甲图)

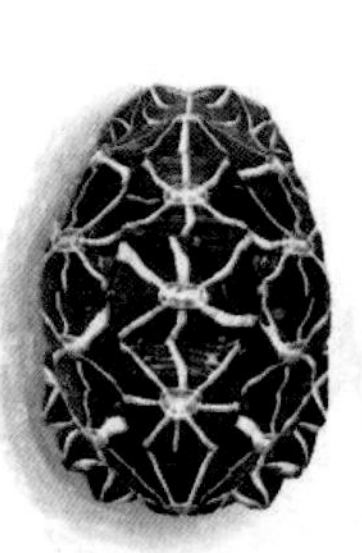

第二章
水龟、半水龟、陆龟之家

龟是环境类宠物，顾名思义，它不像狗狗那样会改变自己适应我们的环境，而需要我们不断改变和完善环境去照顾好它。就像一个温馨的家，按照这个家的特殊环境需求，把我们这个家的小主人分类，一般可归纳为四种龟，即水龟、半水龟、陆龟、海龟。

一、水龟之家

（1）认识水龟

水龟是指生活在河湖小溪或者沼泽地的龟，这些龟有着光滑的皮肤鳞片，流线型的背甲，可以减少水中阻力；大大有神的眼睛，锋利的嘴喙，是为了捕食滑溜的小鱼，坚硬的虾壳；扁宽的脚趾间长有全蹼，是为了游泳时获得更大的推力。

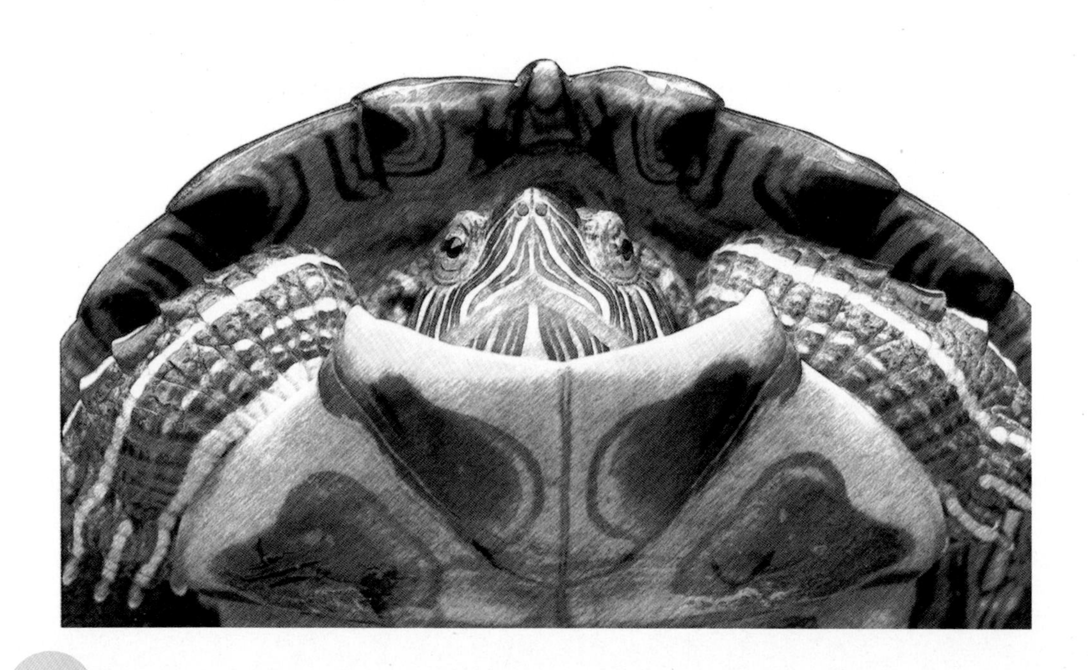

有的水龟为了适应环境，把拟态做的栩栩如生，或斑纹点点模拟树叶光斑，或岩石，或枯叶，有的甚至像一块烂木头。水龟因为长期生活在水中，所以养成了水中取食的习惯，靠水作为吞咽食物的媒介，甚至有的龟在捕食时，会瞬间扩张口腔形成一个真空层，顷刻间连水带猎物一并吸入，类似鲸鱼捕食一般，当猎物吞入后，便慢慢排出水来，这方面做的最为精彩的是玛塔龟。因为吞咽靠水，久而久之，舌头就开始变得不重要了，所以绝大多数水龟的舌头并不发达，甚至退化了，但是个别水龟的舌头进化成为了另外的功能，比如大鳄龟那如蚯蚓一般的舌头，在几亿年来解决了笨重懒惰的大鳄龟的伙食问题，可谓功不可没。

水龟有能感应水流如雷达般的触须，有的像胡子，生长在下颚；有的像恐龙的刺，布满脖子、四肢；有的更像一片片雷达片，布满头部两侧。触须随着水流的晃动，也会轻舞飞扬，捕捉水中微妙的动静。

水龟背甲通常较为扁平，为流线型，但是也根据水流的大小略有不同，比如激流湖泊里的龟背甲就非常扁，这为了适应水流的冲刷，还有掉壳的习性，为了不让背甲长上水藻，寄生虫，特别爱晒背，只为一个目的，就是让背甲更加光滑，阻力更小。比如滑龟类、锦龟类。有的生长在沼泽地，泥塘里，背甲虽然光滑，但是更为饱满，圆润，蛋龟大家族，就是典型一个族类，几乎都是蛋一样的圆润，特别是动胸龟属，尤为高圆。

水龟的前爪后爪都成扁平状，犹如划桨一般，根据水流大小，泳技的高低，扁平比也有不同，甚至有的水龟，更倾向于半水生活，比如常见的草龟，学名乌龟。有的属于高度水栖龟，终身不上岸，如果出水面一会儿，背甲有明显脱水发白现象，超过一定时间就会脱水吐白沫，有生命危险。

根据水体环境的大小，水龟的体型也会有很大的差异，沼泽地里的，体形会比较小，容易躲避敌人，也能适应复杂的小环境，比如麝香蛋龟。湖泊里的热带亚热带，食物充足，掠食者众多，就会长的比较大，成为食物链顶层，也能获得更大的水浮力。增加捕食的成功率，并能安然地和鳄鱼成为邻居。

（图：水龟）

如果说龟是福贵的象征，那龟里的“高富帅”，必属闭壳龟。而闭壳龟里，除了百色和安布，其他都属于水龟，而安布未成体前，也倾向于水栖。

水龟曾经被誉为懒人龟，只要缸、整理箱够大，过滤到位，泥鳅、活鱼、活虾放足，一般个把月不管是没有问题的，依靠着热带鱼文化的深厚积累，水龟也可以如法炮制，享受宠物市场提供的便利成熟的器材产品，甚至很多龟还能和热带鱼完美地生活在一个缸里。

（图：龟头骨）

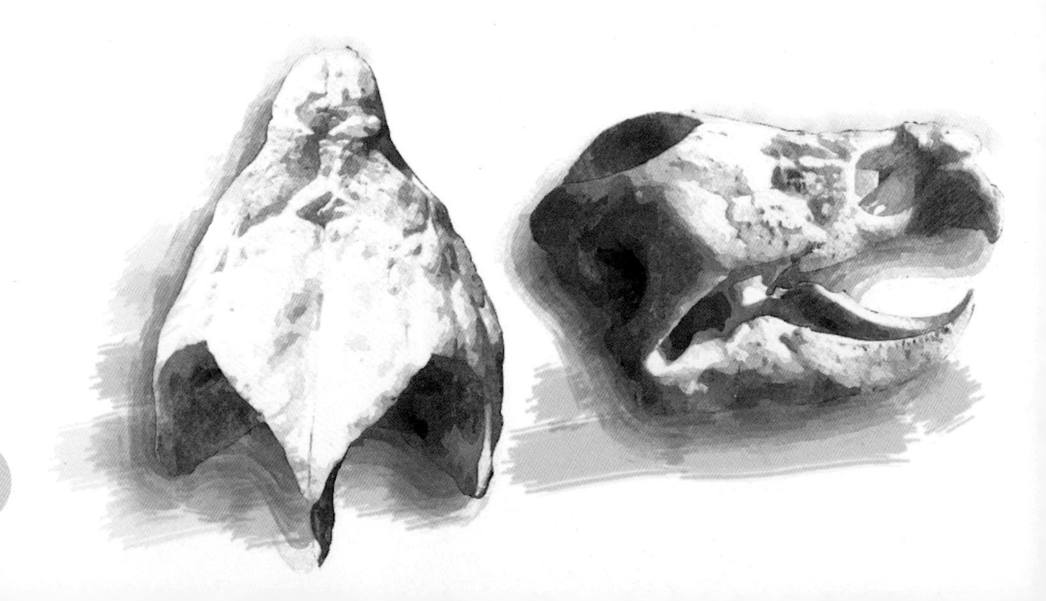

（2）水龟的水环境

水龟的环境和鱼类的一般无二,甚至很多器材都通用。养鱼先养水，养龟亦要养水。水环境的处理可以分为换水、过滤两大类。

① 换水

换水，适合小型水体，一般针对长度小于一米的容器，因为龟龟不需要在水中呼吸，严格来说水中的含氧量与龟龟无关，但是食物残渣、排泄物等物质使水质恶化，会引起龟龟腐皮腐甲。通常是喂食三小时后换一次水。如果是苗、幼体，不宜深水，因为水体很小，投喂频率比较高，加上幼龟皮肤比较嫩，抵抗力弱，每天换水是必须的。

而亚成体龟，除了喂食后换一次水外，如果看到龟排泄，或者水浑浊，就再换一次，通常两次喂食之间要换两次水，保证喂食前能在干净水体中饱餐美食。吃饱喝足后，需要给足消化时间，只要不频繁进食，食物就可以多停留一阵，多消化吸收一点。很多两三斤的龟，有时候，憋足的一次排泄，是无法马上过滤掉的，与其大便被捣烂破碎使水体变浑浊，不如直接换水，更为彻底。

（图：小龟的水产箱）

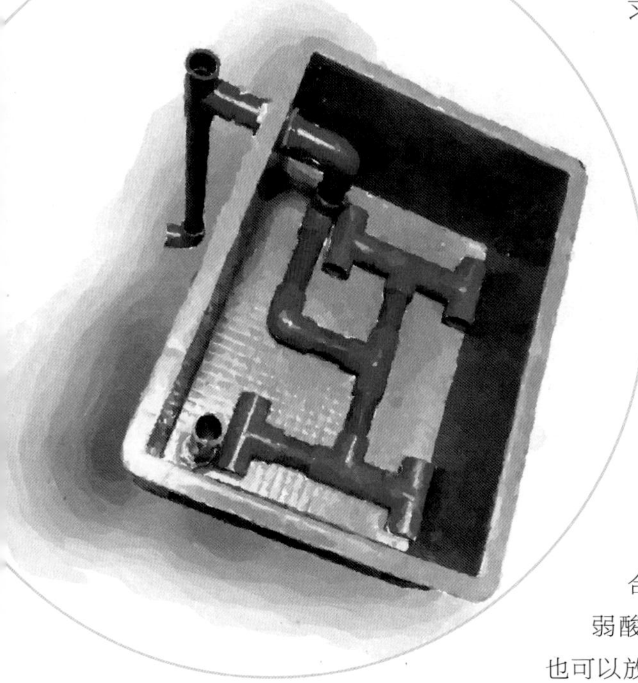
（图：水箱过滤）

当然换水也有讲究，有些刚捕获的俗称下山龟、出水龟，一路粗暴运输，习惯了溪流、湖泊的水，很难适应自来水。这样的龟，要么用纯净水，或者矿泉水，再不行就晒水，晒出氯气，晒掉漂白粉。如果是养殖，外塘的龟，有龟友发现晒水反而腐皮严重，养殖的水体，为了减少细菌，相反，还要投入一定比例的漂白粉、消毒剂。如果晒水，几天后，水中不但没漂白粉了，还会繁衍出来一部分细菌。

养定龟龟就简单了，如果适合中性水，自来水即可。如果喜好弱酸性水，可以添加黑水、榄仁叶，也可以放块沉木。如果偏好弱碱性水，可以放珊瑚石、贝壳、铁胆砂。如果是汽水龟，就要放海盐了，按照一定比例调配。务必做到每次换水都保持相同的水质参数。换水是个力气活，有的人养着就开始偷懒了，拖延了换水的时间，直到龟龟开始炎症爆发，腐皮腹甲了，才后悔不已。这个时候，水箱过滤孕育而生，它不是龟龟单独享受的，而且是从鱼宠界扒过来的。过滤是国外百年的经验积累，有着完善的理论依据，更有多种实践证明其功效。

② 过滤

从过滤的位置来看，过滤分为内置过滤、上滤、背虑、侧虑、同程底虑、滴流过滤、底柜过滤、外置过滤、壁挂过滤以及水妖精。而这些过滤又分成两部分：物理过滤和生物过滤。物理过滤就是肉眼所见的，排泄物、杂物、食物残渣被过滤棉阻挡，包裹起来。而生物过滤肉眼是无法看到的，说简单，就是把水中的排泄物、杂物、残渣腐烂细菌分解后形成的有毒物质，比如氨和亚硝酸盐，通过硝化菌吸收分解转化成硝酸盐，而硝酸盐不影响鱼、龟的健康，最后通过水生植物使底砂中的微生物被吸收，完成所有的净化水质的过程。这一个过程需要一个很长时间的慢慢建立，通常我们管这个过程叫开缸。一般以半个月为准，温度在二十多度到三十度，这期间的硝化菌最为活跃，也是爆发的最佳温度，硝化菌是一种典型的喜氧菌，所以，必须有24h循环的水体以及爆氧的过程来满足硝化菌工作时所消耗的大量氧气。

切记不能断电，否则12h内，硝化菌将大批量死亡。

内置过滤：优点是比较美观，不占空间，但是因为体积很小，加上泡在水里，过滤的效果比较差，属于被淘汰的一种方式。

上滤：优点是过滤方便，原理简单，便于清洗过滤棉。过滤效果好，有一定水位落差，水流比较大，利用水位落差能起到爆氧效果。利用上滤的叠加扩大体积，可以达到过滤的最佳效果。最重要的是，上滤不占用缸内空间，如果缸口做包边，或者有缸盖，能遮挡上虑，会更美观。也是目前养龟爱好者用得最多的一种过滤。缺点是如果没有遮挡，比较丑，毕竟暴露在外，外加泵在缸内，泵吸入的杂质水体，需要对泵定期清理。因为缸口的承重问题，上滤一般不会特别大。

背滤：一种美观的过滤方式，隐藏在缸的背面，过滤水从一端进去，从另一端出来，出水入水的跨度比较长，水质的循环比较彻底。如果背滤很厚的话，过滤效果是相当强大的。一般用在小型缸中，缺点显而易见，占用缸内空间。因为水位差很小，水流一般不大，如果过滤槽比较窄，过滤效果只能说勉强够。

侧滤: 也是一种美观的过滤方式，和背滤有着异曲同工之妙，只是一个在背面，一个在侧面。同样适合小型缸，或者靠墙、靠角落的大型缸，可以利用靠墙隐蔽的环境做成侧虑。一般小型长缸，或者靠墙长缸，甚至落地地缸，用得比较多，其中落地地缸可以通过加大泵的流量扩大进水出水的通过性，来使强大的水流通过。其中大家比较熟悉的垃圾桶过滤，就是一个典型的侧虑，这个侧虑和缸主体用两个不同的容器靠在一起，是目前比较主流的龟用过滤的代表。缺点和背滤相同，占用了缸内空间，或者说落地空间，水位落差比较小，水流相对比较小。

同程底滤：是空调中冷媒循环的一个布管排列方式，是传统的底滤S管更新换代的产物。显而易见，同程，也就是说，每一个进水出水口都是同样的距离，同样的吸力，同样的效果。这些管子，俗称“工”字管。缸越大，“工”字管就越多，上不封顶。根据水流的方向，同程底滤分为两类，正吸和反冲。其目的可以归纳为“活化底砂”。

笔者经过几年的实验发现，正吸，水比较清澈，无需洗棉，符合自然河床的规律。缺点也比较明显，那就是脏物都积累在底砂里，日积月累，最后有可能会形成污泥而影响底砂的正吸效果，虽然从来不用洗棉，但是一旦堵掉，那可是清理底砂的重活。反冲，一开始比较难接受，因为水流把底砂里的脏东西都冲了出来，看似并不干净。特别是乌龟排便，有一种腾云驾雾感，水会顷刻浑浊，但是只要耐心等待，没多久，水就清了，绝大部分被过滤吸走了，一部分沉入底砂。需要定期清理过滤棉，比较烦琐，但是也是因为这种烦琐，加上“工”字管反冲，可以让管子始终保持干净，包括底砂，基本上可以做到无需清洗底砂的效果，因为反冲底砂，使得底砂中氧气比正吸更足，从硝化菌培养上来说，反冲更适合硝化菌。并且反冲第一关是物理过滤，第二关才是硝化菌过滤，减轻了硝化菌分解的压力。

同程底虑可以和任何其他过滤同时使用，不存在冲突。甚至有加倍效果，通常，正吸和滤桶搭配，反冲和上滤搭配。缺点：比较复杂，因为要铺底砂，所以，一般都需要造景。只适合喜欢复杂的玩家使用。

滴流过滤：类似上滤，只是把下水的过程，变成了滴流的效果，就像下雨一样，一滴滴的，阵列排布，慢慢渗透，流向第二层、第三层，通常底滤会有很多层。是所有过滤中含氧量最高的，网店也有很多现成的设备购买。理论上可以加很多层。缺点：因为都是裸露在空气中，硝化菌的含量偏少，加上雨滴声音比较大。

地柜过滤：目前比较强大的一种过滤，主要针对排便多的大型龟。因为地柜的空间很大，不占用缸内空间，水位落差很大，水流湍急，过滤效果自然好。已经成为大型龟的标准式过滤了。常用的是缸内三重溢流，地柜物理过滤用到了干湿分离。而硝化菌过滤，更是分成了一格一格，层层递进，逐步分解，类似肠道吸收营养一样。最后由泵抽上缸内，泵吸入的是水体是过滤完的水，对泵的保护比较好。缺点：噪声比较大，毕竟落差很大。整体造价高，因为容量大，加上管件特别多。地柜被占用，并且需要做好地柜的防水工作。

外置过滤：就是通常所说的滤桶，因为滤桶体积比较小，过滤效果有限，一般比较适合草缸、虾缸或者小型鱼群。样子比较大气上档次。几乎无声，科技感很高，美观大方。配上前置桶，清理起来也算比较方便，因为全过程都是密封中进行的，不存在水位落差，所以泵的工作效率很高，一般30W就有很强大的吸力了，有的桶内还有灭菌灯，可以很方便地杀菌、去藻。但是同样也会杀掉硝化菌。应该说是目前草缸的标准配置。缺点是费用较高，不适合大型鱼和密度过多的种群。时间长了，过多的拆卸，使垫圈老化会影响其密封效果。

壁挂过滤：适合小型缸。就像敞开式的外置过滤一般，科技感很强，过滤过程比较直观，还能做成瀑布式壁挂。也有密封型的壁挂过滤，俨然就是一个挂壁虑桶。缺点是体积很小，不适合大缸，进水出水靠的比较近，水体循环不够彻底。

水妖精：同样适合小缸，氧气泵套上一大块生化棉，通常是圆柱形。通过打氧，气泡上升，形成水流，让脏东西吸附到生化棉上，并且在生化棉种培育出硝化菌。耗电很少，只有打氧的功率，但是含氧量很高，富氧化突出。缺点是，过滤杂质能力弱，硝化菌群少，需要通过换水来弥补。通常商家用得比较多。

以上所说的过滤方式，并不一定单独出现，可以穿插交错结合使用，效果更佳，没有哪种过滤比另一种强大，方法不重要，重要的是，谁培养的硝化菌群多。越多自然功能越强大。所以，有两大元素直接影响了过滤的效果，一个是过滤槽的体积，越大所能培养的硝化菌越多，过滤效果越好。另一个是水流的流量。流量越大水中富氧化就越好，同样硝化菌活力也越强大。

有一个误区要纠正，就是很多人都很在意吸大便，吸的快不快，干净不干净。比如同程底虑更是不可能吸干净脏东西。因为你看重的只是物理过滤，真正养水，能够净化水质的，是硝化菌过滤，当大便没法及时抽掉的时候，千万别急，有可能这正是硝化菌的食物，大便被蛋白虫、涡虫等生物甚至细菌分解，转化成为有毒的氨，而硝化菌将氨转化成为亚硝酸盐，通过再一次转化，最终变成了硝酸盐，硝酸盐无毒，并可以被绿色植物、藻类吸收，分解完的东西，会通过强大的水流，带入到过滤槽里，这就是为什么，过滤棉中是看不到一条条大便的，但是会有一团团类似泥浆一样的棉絮物。过滤不是单纯的吸掉大便，而是让整个硝化菌系统活化。

过滤强大也不是说不用换水，没有水草绿植的水体，当硝酸盐积累到一定浓度，对于底层鱼，会有点呛，特别是缸鱼对此比较敏感，所以，定期换掉一部分底层的水，是有必要的，甚至有人开长流水，通过24h的细水长流，来替换一部分充满硝化菌尸体和硝酸盐的老水。要记住三点：a.只换一部分水体，视过滤要求而定，一般不超过水体的一半；b.换水和洗过滤槽只能二选一；c.过滤槽要遮光，并保证富氧，如果水流不大，可以放一个增氧泵来弥补。

硝化菌分为亚硝酸菌和硝酸菌，这两种都是好氧菌，所以需要流动的水，保证源源不断的氧气，切记不可断电停止水流动，否则硝化菌会有不同程度的灭亡。其次硝化菌是通过建立菌膜而进行繁殖生息的，所以，一个硝化菌的温床是必须的，可以使用生化棉、细菌屋，也可以用一些粗糙的东西，在水温合适，环境舒适的时候水管内壁也会形成菌膜，也就是说，过滤媒介越多，菌膜建立的越多，硝化菌的能力越强大。最后，硝化菌最活跃的温度是25℃。如果龟冬眠，水温下降甚至低于10℃，这个时候，硝化菌就开始接近休眠了，但是仍有活动，依然有过滤效果。如果水温降到5℃，这个时候最好把过滤材料好好洗一遍，不要换水。把这一年来的过滤槽的杂物，硝化菌尸体等，冲干净，来一次彻底的大扫除。而水中保留的大量硝化菌，足可以应付这个冬天的过滤，甚至储备能量，等待开春回暖的爆发。

（图：水龟、半水龟、陆龟的区别）

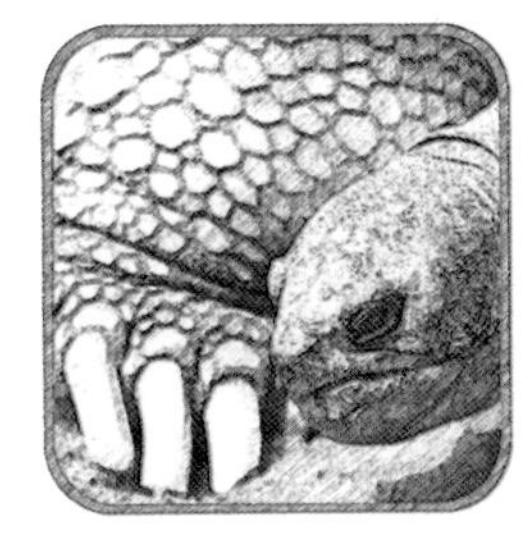

二、半水龟之家

（1）认识半水龟

半水龟是指生活在森林山沟里或者湿地灌木里的龟，这些龟的脚趾无蹼或半蹼。脱离水体的生活后，半水龟四肢进化出了大块的鳞片。和水龟靠水作为媒介吞咽食物不同，半水龟有能帮助吞咽食物的灵巧舌头，可以在陆地上很轻松吞咽食物。半水龟肺部已经很发达，强大的肺叶使很大一部分龟具有高耸、饱满的背甲，因为吃虫子，有着犀利的眼神，明锐的洞察力和鹰嘴般的喙，还有弯而利勾的爪子。

因为灌木及花朵鲜艳美丽，半水龟多半都有棱角分明的背甲和绚烂纷繁的花纹，来模拟自然环境，除了保护色外，坦克一样的装甲也是很有必要的，为了预防肉食类动物的侵入，很多半水

龟都能闭合腹甲，完成360°无死角防御。真正做到无懈可击。而有的半水龟，并不满足于此，还能通过韧带腹甲的闭合，夹住蛇、老鼠一类的天敌，成为它们的天敌。比如克蛇龟，尤为出名。

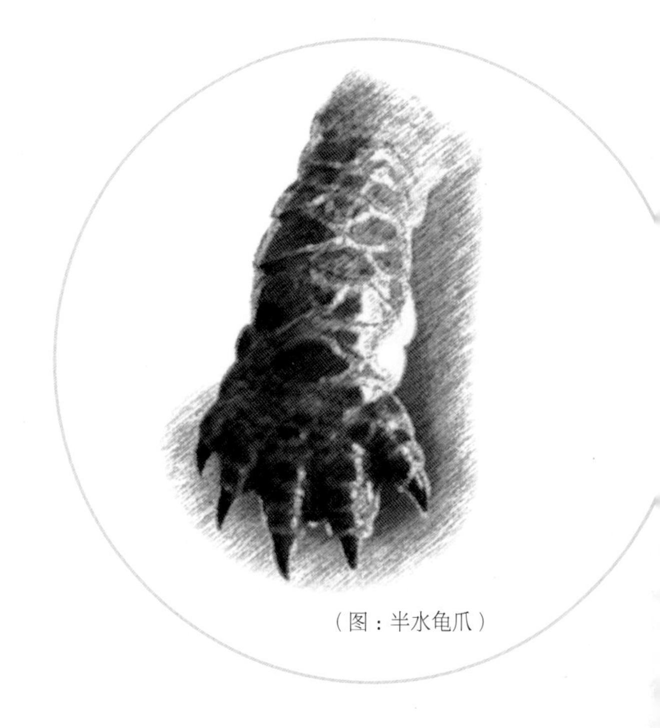
（图：半水龟爪）

半水龟因为需要在水陆之间徘徊，所以普遍体型不大，少则半斤，多则四五斤，在深山老林里过着游击队一般的生活。喜欢群居，有一定社交意识，大多经过饲养后，性格开朗，大方聪明，因为水陆植物动物丰富，半水龟养成了杂食、荤素搭配的健康饮食，能吃不长个，使半水龟年轮特别精致，也因为如此，室内饲养，大便会比其他龟略微臭。如果土养加上养成定点水池排泄，可以完全忽略。

半水龟是智慧美丽的化身，无一相同的花纹、头纹，在目前的宠物市场上已经成为了耀眼的明星。

（2）半水龟的生活环境

半水龟的环境介于陆龟和水龟之间。需要水区，但是并不需要过滤，也不需要很深。需要陆地，但是不能太干，也不需要过多的UVB紫外线照射，大多数半水龟都有冬眠习性。相比水龟扁平的身躯、单调的色彩，半水龟要饱满很多，也要五彩缤纷很多。但是土养的时候，就像一个泥猴子，像一个爱跳泥坑的小猪。

也有人用浅水，水养半水龟，虽然龟干净了，但是毕竟不是原产地的环境，还是会出现很多问题，最常见的就是背不够高。甚至有越来越扁的倾向。如果想土养，又想龟干净，可以用红砂土，不黏手，不沾龟，颜色漂亮，又能满足半水龟踩泥坑的嗜好。经过日积月累，红砂土的红，对半水龟也会产生影响，肤色也会变得橘红。如果喜欢遵循自然，可以到原产地挖回土来，也可以挖一些红土。山泥矿物质多，呈弱碱性，适合一部分半水龟。但如果原产地都是落叶、沼泽的话，那弱酸性的土应该更为适合。如果摸不清楚你的龟更喜欢哪种土质，可以准备两份，多观察，多分析，龟更知道自己的喜好，除此之外，半水龟也是聪明的龟，当环境熟悉后，会划分区域，通常在角落里的水区排泄，在喂食区喝水，吃食，在另一个角落下蛋。也会有一块地方是它们的游乐场。把自己的环境安排得井井有条，这就是半水龟。

喜欢群居的半水龟，高密度饲养是没有问题的。如果遇到梅雨季节，或者阴雨连绵的春秋季，可以用风扇通风，紫外线杀菌灯杀菌，挖排洪沟，如果可以，就移到室内，更为保险。当然也可以用陆龟的器材设备来饲养，因为半水龟大多不需要加温，加上原产地都是雨淋、湿润的森林环境，日照需求少，故陆龟的器材使用频率并不多。

（图：水龟、半水龟、陆龟的食物）

三、陆龟之家

（1）认识陆龟

陆龟都被称为象龟，一点儿没错，它那庞大的身躯，大口大口吃着菜叶和牧草，四个大象般粗壮的腿，非常饱满硬朗，就连指甲也和大象的如出一辙。既然这么像大象的腿，那一定很有力气喽，事实证明，八百多斤的身躯下，也能直立四肢，走得步伐稳健。看陆龟散步，真的有一种坦克车开过来的视觉冲击感。不管是巨型的岛屿陆龟，还是小巧的冬眠性欧洲陆龟，行走的时候都是四肢直立，雄赳赳，气昂昂。

如果水龟只能在鱼缸里欣赏，那陆龟是实实在在可以互动的精灵，散养的陆龟，知道在哪吃菜，在哪方便，甚至在哪睡觉，拥有非常强的记忆，就像人一样，它也会有经常吃饭喝水的厨房，它也会在哪个黑暗幽静的角落打盹，它也会把自己的臭臭拉的远远的。除了这些记忆外，它们还能分辨主人和陌生人，相处多年，能轻松陪您散步。如果您不喜欢闹腾，那陆龟无疑是最佳终身宠物伴侣。

（图：陆龟红腿）

（2）陆龟的生活环境

养好一只陆龟要先养好空气。陆龟肺部是一个大大的气囊，肺囊的分布由最前方一直延伸到最后方，覆盖在背甲的结缔组织之下，虽然占的体积很大，但是构造相当简单，并不像骆驼、高鼻羚羊那样结构复杂。如此简单而又非常大的肺容量，就需要相当多的空气。有经验的龟友会发现，陆龟喘气的时候，气量非常大，随着后腿腋窝处的肋骨和横膈膜的收缩扩张的运动来完成呼吸，俗称龟息，可见空气对陆龟的重要性了。

养好空气前，先分析一下空气的重要元素。主要分析温度和湿度以及空气中的紫外线。笼统来说，温度必须在20~35℃，湿度普遍需求都比较高，包括沙漠型陆龟也同

（图：爬箱）

样会从洞穴中得到潮湿的空气。最重要的是陆龟都是太阳之子，对紫外线的需求基本上是必需品。温度、湿度、紫外线的获得又分为三种典型环境方式：箱养类、散养类、户外类。由简入繁，由小变大，由人工转为仿生。

① 箱养

也就是我们所说的爬箱，这是最普遍、最直观，也是最容易掌握的方法，不是说它真的很简单，而是已经相当完善，在国外已经形成了一系列成熟的产业链，目前国内的很多爬箱配件器材，绝大部分还是依赖国外进口，国内有少部分代工和自主研发。相信未来的几年内，国产器材一定会慢慢成熟起来。

a. 爬箱

ⓐ 杉木板　最早的爬箱是杉木地板，由一整条一整条杉木拼接而成，有点像我们现在的浴室桑拿房。相信很多老的爬友，还依然保存着这种老式而零甲醛的实木地板爬箱。缺点也有，因为是拼接的，工艺不是严丝合缝，比较容易漏气。板材厚度也不算太厚。

随着家装工艺的进步，杉木指接板出现了，因为是小块杉木板通过胶水拼合而成，虽然有相关标准，但是还是有少许胶水的污染，但是这个已经控制的很低，通常也被叫做实木板。现在市场上用得最多的是生态板，也叫免漆板，就是在杉木指接板外多了一层装饰图案。这样更美观，也更牢固，更方便清洗。其中E0的标准为最佳。

ⓑ PVC爬箱　也受到了很多龟友的青睐，开始是进口发泡板，后来渐渐被国产发泡板代替，价格也降了不少，全称PVC结皮发泡板，相比实木板更为保温和保湿，更为轻盈，甚至表面不会污染，也不会滋生霉菌。切割方便，组装更方便。有一定阻燃能力，耐100℃高温。缺点也很明显，就是PVC在高温下，有一定毒素排放。另外超过100℃，就会变软，甚至加温灯座会融化爬箱，有掉落的危险。

ⓒ 橡木板　是高端爬箱常用的材料，很多家具、切菜板，甚至地板，都有用橡木材料的。相比杉木板，橡木板密度特别大，质量很重，大概有杉木爬箱的三倍多重。通常这类爬箱都会喷一层木漆。

（图：龟箱配件）

ⓓ 欧松板　随着与国际接轨，欧松板也走入大家视线。它采用欧洲松木，在德国当地加工制造，是一种新型环保的装饰材料。看似相当粗糙，像粗枝烂叶压制而成，有点像国内的刨花板。实则摸上去很光滑，零甲醛排放，目前能接受的爬友不多。

ⓔ 中空玻璃

现在的门窗玻璃都是中空的，保温隔音，相比以前单层玻璃的门窗，可谓一个飞跃。已经有爬友用它来做爬箱了，保温效果很好，但是接受者比较少，不管是材料的获取，还是观念上的接受，包括本身重量很重，还没被认可。相信随着中空玻璃的优越表现，这类采光好，保温隔音，防霉无甲醛的爬箱一定会被喜欢的。

b.加温

爬箱准备好了，首当其冲的，就是加温了，温控器是必不可少的，特别是温差变化特别大的城市。当然也有人不喜欢用，完全靠加热设备的热能和自然散热，衰减达到一个平衡。这个不做强求。一般无温控器的爬箱，选择会比较多，比如卤素灯、加热垫，甚至有人用狗猫宠物的防水加热垫。也可以是浴霸当中那个40W小型的蘑菇灯。不管哪

（图：陆龟水龟加温）

种方式，需要反复测试、运行，当爬箱温度不再变化了，就是这个爬箱的恒定温度，如果过低，就加大瓦数，如果过高就降低瓦数，虽然整体构造简单了，跳过了温控器，但是测试的时间也长了，甚至春秋季温度反复的时候，因为不能自我调节温度，而有可能会发生意外。

ⓐ 陶瓷灯

如果选用温控，加热的方式就比较严格，首先排除了灯光加热的方法，因为灯在启动熄灭反复变换的时候，是很不稳定的，不断开关会大大缩减灯的寿命。爬宠爬箱所用到的灯座，均为陶瓷灯座，因为陶瓷不怕热，不会老化。有的用防爆灯座，那个是铝合金的，注意不能用塑料灯座，很容易烧糊。陶瓷灯局部温度很高，有一定远红外线辐射，热量集中，加温速度很快，电能转化为热能的损耗小。特别是陶瓷灯寿命很长。缺点就是热量过于集中，安装太矮，有可能会烤伤龟龟，甚至手不小心碰到陶瓷灯表面，会被烫伤。

笔者经过多年使用，发现几个小技巧，可以减弱陶瓷灯温度过于集中和热量太高的问题。

首先可以横过来装，这样热量水平方向对流，红外线辐射的伤害就降低很多了。

其次，是在陶瓷灯15cm外，装一个风扇，对着陶瓷灯吹，通过风冷，来给陶瓷灯降温，这样的好处是，让爬箱温度均衡，热量均匀。但是也有缺点，没有了冷热区，空气也会比较干燥。

随着风冷加热，爬宠空调孕育而生了，原理也很简单，就是通过风冷散热加热丝，来扩散热量。也曾经流行过一阵子，一度成为加温的终极武器。但由于寿命短，不稳定，目前也并不是主流了。

ⓑ PTC

PTC加热的方式，常用在空调机、去湿机、干衣机、汽车等需要提供暖风的设备上，也在大型柜机里起到防凝水加热使用。相比较其他加热设备，除了转热效率高外，最大优点是安全，若遇到风扇故障，PTC加热器因为得不到充分散热，功率会自动急剧下降，此时的加热表面温度只会维持限定的温度，如果选用低功率PTC，安全性能更有保证，并不会像加热丝，加热管类，会呈现“烫红”现象，杜绝了自然明火事故的隐患。

如果爬箱比较大，可以加装两个加热器，除了热量更均匀外，如果一个失灵，另一个还可以继续工作，是防止爬箱急剧降温的二次保护。为了保温，如果爬箱有窗户，可以直接封掉，用保温材料封比较好，因为很多陆龟幼体都需要湿度，也不能允许窜风而导致冷热不均，甚至很多DIY的资深龟友，都舍去了窗户，也许你会问，那就不通风了呀？笔者也顾虑过，但是数十年的经验说明，每天开门、喂食、换水，甚至观察，都会带来空气的新旧交换，每天必开的UVB灯也有一定的杀菌作用。

一旦入春，很多时候移门会半敞开，到了夏天，几乎都是散养，或者大型水产箱饲养，爬箱就要下岗五个月了。这时候可以对爬箱进行一次消毒，干燥保存，以备来年的使用。

（图：PTC加热）

ⓒ 紫外线UVB

陆龟是太阳之子，野外的日照非常充足，特别是沙漠型陆龟。因为陆龟纯素食，无法从食物中获取维生素D3，从而影响钙的吸收。但是太阳紫外线，特别是UVB中波紫外线，弥补了这一切。日出之后，陆龟会第一时间找个地方晒日光浴，这不仅仅是驱赶夜晚的寒冷、补充热能的方法，更是吸收紫外线的时间，陆龟的背甲就像一块块太阳能板，能量源源不断地通过背甲吸收汇集，集满一天的能量储备。当吸收紫外线UVB的时候，背甲就会合成维生素D3，从而吸收食物里获取的钙，特别是大型陆龟，对钙的需求很大，日照自然更不能少。

冬天，陆龟依然无法离开UVB，但是中波紫外线UVB穿透力很弱，玻璃是

（图：灯罩）

可以完全阻挡的。再晒UVB的时候，空气的温度也是必要条件之一，如果为了晒太阳而冻坏了龟龟，那是得不偿失的。

现在已经有很多UVB的成熟产品。很多龟友对UVB的相关产品持怀疑态度，笔者也曾经质疑过，直到亲眼见证了爬宠在生病、缺钙、癫痫后经过UVB的调养而健康的事实，才对国外这么多年的应用深信不疑。也许陆龟的表现并不是很明显，但是在蜥蜴中，是特别明显的。笔者所在的公司也饲养了几条蜥蜴，几只陆龟，每天只开一扇窗户，这几只陆龟、蜥蜴都会跟着日照的走位，准确找到没有玻璃阻挡直射的那一片阳光。到了冬天，开启UVB的那一刻，它们就会主动跑到灯下，闭目享受这一天的到来。

UVB的产品主要有两种，UVB灯（包括日光灯管、节能灯）和太阳灯。

UVB灯

UVB灯属于荧光灯管，原理是气体电离产生UVB，灯管使用石英或高硼玻璃，从而防止UVB被滤掉，灯管内面选用了能滤掉UVC的涂层。UVB 灯上面的数字2.0、5.0、8.0、10.0是UVB占总光线输出量的百分比，即含有 2%、5%、8%、10%的UVB，UVB灯中有30% ~ 35%的UVA含量。UVB灯的有效使用寿命为5000 ~ 7500h，按每天开灯8 ~ 10h计算，半年减半，一年需要更换。如果省一点，两年是必须换了。UVB节能灯的特点是发光效率高，同等瓦数亮度大、体积小、方便安装；而灯管照射面积大，价格相对便宜。UVB灯的有效使用高度是灯具距离龟背25 ~ 30cm，适合大多小型爬箱，最好装在龟箱顶部中心位置，并保证无遮挡照射。

根据陆龟UVB灯选择不同种类，对UVB的含量需求也不同，森林陆龟，日照需求少，通常5.0的UVB就够了，越接近沙漠型陆龟，所需求的UVB含量就越多，10.0是必需的了。

如果您的龟龟很大，UVB已经无法满足了，那么，太阳灯是不二选择。

太阳灯

常用的是100W的太阳灯，因60W以下的灯丝发热量太低，专业品牌太阳灯能达到太阳光谱的90% ~ 95%，色温接近6000K，为宠物陆龟提供足够充足的UVB、UVA和热量，促进正常的新陈代谢、钙质吸收，有助于增加陆龟活力，是岛屿陆龟和中大型陆龟的首选。一般在大饲养箱中，将太阳灯作为加热器材使用，所具备的要求是高度大于60cm，灯的高度20cm，距离龟箱底部40cm。因为有垫材的铺设以及灯罩，一般爬箱最少要80cm。太阳灯也是最贵的，主要依赖进口，通常价格三百元左右。

太阳灯使用注意事项：

※ 太阳灯一般带有断电保护，长时间使用导致过热或者电压不稳时会自动断电，不可立即启动或频繁开关，建议灭灯15~20min待温度冷却后，再重新启动。

※不可使用口径尺寸过小的灯罩，小灯罩内壁紧贴或距离太阳灯灯泡过近会阻隔散热。

※太阳灯要垂直照射，如果斜放会大大缩短太阳灯的使用寿命，并且导致UVA、UVB有效范围缩小，光线斜射会对陆龟眼睛造成刺激和伤害。说到UVB，太阳灯，因为定时开关，每天形成一定规律，所以，定时器是非常有必要的，设置好时间，让龟龟也能形成一定的日照规律。

如何选购UVB产品？

请记住一点，任何靠灯丝发光的灯，都不可能含有UVA和UVB，必须以气体发光的方式，才能发出UVA或UVB紫外光，这是由物理性质所决定的。其中太阳灯，必须瓦数达到60W以上。这是目前科学技术所限制的。最后请选取正规厂家，口碑一流的品牌。因为UVB的检测，是很严格而科学严谨的。如果选择不好，不但没有效果，还会有杀伤皮肤、眼睛以及全身细胞的危害。

c.加湿

除了个别龟，比如饼干龟，需要干燥低湿度，几乎所有陆龟都喜欢高湿度，娇嫩的陆龟苗，更喜欢有一定湿度的环境，甚至陆龟隆背，低湿度也是罪魁祸首，湿度低了，还会导致辐射花纹散掉，消掉。所以保湿非常重要。

土养也是保湿的一个好方法。土养有两大好处，一是保湿，土壤的湿度是极其稳定的。二是陆龟的尿味没了，屎也变得容易收取，不再被踩的满地都是了。土样的材料很多，有椰土、苔藓、树皮以及柏木屑，也有人用红土、红砂，甚至玉米芯，最近大家公认的比较理想的是泥炭土。这些网上都有卖，其中雪松的树皮，切记禁用，据说有毒性，个人感觉，要么自己挖土暴晒消毒，要么就用泥炭土。所谓土养，还是以土为基础材料。

如果不喜欢土养，那保湿的其他方法还有很多，比如种绿植、水培植物，甚至是仿生的水培植物，一种类似无纺布的折叠假植物，也具有很高的吸水性，靠折叠的大面积与空气接触，提高水汽的扩散。还有比较高端的自动喷淋和定时器结合用，效果很好。还有一种是超声波雾化器，可以制造人间仙境的飘渺感觉，但是用的人很少，据说不实用。最实用的，有可能就是超市卖的小型加湿器了，连接在湿度控制器上，补充湿度，简单而又实用。

d. 喂水器

水是生命之源，除了一些特别耐旱的陆龟，可以只从食物中获取水分，大多数陆龟，特别是岛屿型陆龟、森林型陆龟，还是很喜欢喝水的。岛屿型陆龟需水量比较大，当你用喷壶、喷洒模拟降雨的时候，它们都会马上挺身直立，四肢直直的，把身体撑的高高的，就像在充分享受着雨水的快感。一个大小正好能放进一个龟的水盆，是最简单不过的了，根据龟的体型，量身放置，一般都是以容易进出，不易打翻为标准，当然必须无毒无味。那种栽水仙的花盆比较理想，还有紫砂、瓷器的花盆托盘价格比较实惠，比较浅，用起来也不错。还有人用牛排的生铁盆，也很耐用。当然，陆龟都很大，特别是如果养了不止一只，那水盆就显得无力了，特别是土养，水分分钟就会脏，解决这个的办法，其实挺简单，就是用养鸡的水盆，一个硕大的圆桶，倒置在一个托盘里，水的高度只有托盘那么深，随着喝完，圆桶里的水会源源不断补充到托盘里，直到圆桶水耗尽。这种器材，已经广泛应用到家禽畜牧业里了，非常容易购得，和水盆结合起来使用，效果非常好。当然如果你是外貌党，也可以买爬虫专用的喂水器，只是会比较贵，而且容量小，无法满足大型陆龟的需求和破坏力。特别是经常出差的龟友，食物可以是干的龟粮，而给水就必须用这种大容量的家禽喂水器了，最大有四十多斤装的，足可以应付半个月。

e. 喂食台

为了清洁，食物不受污染，一个食盆是有必要的，经过多年观察和实践，食盆以矮边、浅盆为主，尽量避免龟龟误以为食盆边是菜叶而不断扯咬，甚至有的龟非常执着，一直要咬下来才肯罢休。有时候一个瓷砖也是不错的食台。但是瓷砖一旦被尿侵染，再经过加热器一烤，骚味十足，洗也洗不干净。目前用起来比较好使的是狗狗用的栅格网格垫板。铺几块垫板，既能防止吃菜的时候误食了垫材、椰土、泥炭土等，还能把龟龟的尿通过网格渗透到土里，卫生又干净。过一阵子，拿出来刷刷，很方便。

f. 爬箱的线路开关

关于爬箱的线路开关，最早的是有多少灯就有多少个插头，接线比较简单，甚至不存在接线，网上也有很多灯罩灯座都是接好线的，回来只要安装，插插头就行了，适合不懂线路开关接线的龟友，随着高档爬箱越来越被大家接受，嵌入式、单独开关出现了，这本来是工业机柜上用的开关，因为体积小、安装美观、方便接线，已成为当下爬箱的主流开关。至于主线，除了做长外，也有很人性化的主电源线出现了，就是电脑的电源线那样，主电源线和爬箱可以脱开。相对来说要安全很多，也人性化很多。

g. 爬箱的托盘

在土养法盛行的当今陆龟圈，为了清洗方便，给土加水方便，托盘起到了保护爬箱、不让水流失的重任。用得最多的是玻璃托盘，爬箱做好后，直接铺上玻璃，在爬箱内沾缸，因为有四条边固定，沾缸就非常方便了。只要干两天，就能使用了，好处是无毒、防水，价格也亲民。其次是塑料托盘，这种托盘大多是买的成品，可以先买托盘，然后根据托盘的尺寸定做爬箱，托盘可以自由抽出，就像一个抽屉。适合中小型龟，清洗相当简单，托盘是国标尺寸，坏了也方便购买。还有一种是定做的，就像玻璃托盘，不同的只是材料不同，有PP和雪弗板，亚克力也是不错的选择，其中白色的PP最为结实，也耐用，食品级别，缺点是重，而且贵。PVC除了不满足食品级别外，灰色居多，其他和PP类似，价格相对要便宜一点。雪弗板要通过专用药水相连。效果也不错，很轻，也便宜，加工方便，缺点是太软，不是很吃分量，需要用结皮发泡型，否则，上面全是龟龟的爪印，也容易坏。说说亚克力是类似玻璃的一个东西，比玻璃还透明，轻，而且保暖。缺点是太软，老化快。如果不是土养，只是单纯的用报纸，那托盘也是相当重要的。

② 散养

a. 帐篷散养

现在流行一种龟帐篷，是从植物暖棚演变过来的，在一个超大的托盘里，或者是防水牛津布围成的区域里，铺满土养的垫材，四周一圈都有龙骨架，从不锈钢管，到PPR水管组合，交织成一个很大的帐篷，然后利用定做的塑料罩子（通常是透明度很高的塑料，目前PET材料比较多，尺寸繁多），包裹整个托盘，利用龙骨架子，把帐篷撑起来了。此类暖棚很适合散养陆龟，除了冬天加温保湿外，夏天也能放置在草坪上，防雨防涝。设计上也是在各个方向都有拉链。一般是两米以上的环境使用，也可以罩住爬箱，虽然看似简易，但是效果不容置疑，对于温度和湿度的把控，可谓游刃有余，细致而周到。

b. 暖气散养

在北方，或者家里装了地暖的室内，非常合适暖气散养，不但让您和龟有了亲密接触，还能让龟龟的活动空间得到更大的满足。大致可以分如下两类。

ⓐ 局部区域散养

一般在客厅或书房，划分一定的区域作为陆龟散养环境。通过木质围栏，大型周转箱，玻璃房等不同材料达到不同效果。不管哪种方法，都要满足土养条件，防潮，架设太阳灯。

ⓑ 周转箱散养

适合集中性的爬宠小屋，造型比较简单，通常是两米左右的周转箱，黑色居多，工业用蓝色，或者白色也相当理想，大致一米高，铺上厚厚的垫材。做一个躲避处供其睡觉，吊一个太阳灯，距离晒点三十厘米左右，同样接上时控器。

c. 围栏散养

木质，仿木质围栏，这个方法比较温馨，就像一个小花园，由于围栏无法困住垫材，所以围栏法基本上是裸环境饲养，适合瓷砖地，配上太阳灯，也能满足吃喝拉撒各项指标。定期泡澡，把龟龟排泄控制在澡盆里。万一屎尿了，只能用拖把托掉。及时发现清理，还是相当干净卫生的。适合龟龟个数不多，又喜欢干净的龟友。

d. 玻璃房区域散养

适合大型造景，龟龟数量多的情况。用玻璃作为隔断，既能防止气味对流，也能阻隔一定的水汽，防止湿度过高。造景部分以土养法为主，可以选用泥炭土，四周靠墙可以堆砌假山，也可以做一个瀑布造景，甚至还能充分利用上部分空间，养一些鹦鹉等其他宠物。

e. 爬屋单独散养

主要针对发烧级龟友，利用单独一间房，散养龟龟，一般针对岛屿性巨型陆龟或者群养多种陆龟。单独房间散养陆龟，可以完全阻隔气味、水汽，也能保证一定隐私。保温必须到位，一般四面墙，顶部进行保温板的铺设，如果通过煤炉加温，则需要架设排烟管。设置二氧化碳报警装置。油酊加热，效果也不错，安全可靠，寿命很长。相比较空调加热，要省电很多。用电的加热设备最大的优点是，无空气污染，安全卫生。

第三章
龟宝宝的诞生

龟的繁殖说简单也简单，很多人院子里，靠天生天养，小龟苗都能自己从枯叶堆里爬出来。说难也难，很多人做了好几年，买了好几千的设备耗材，折腾了几百个蛋，才弄懂龟如何交配，蛋怎么孵化。

选取种龟、布置繁殖环境、孵化，这三部曲就是繁殖。

一、龟龟相爱了

男大当婚，女大当嫁。龟养大了，自然也要开始相爱。一般龟普遍都在七岁性成熟，特别是我国的龟，但是也有试蛋的时候，就像懵懂的青春期。年龄到，体重到这两大因素是关键。很多人只看体重大小，往往忽视了年龄。

龟要自然生长，经历春夏秋冬。在冷的时候，龟龟身体不长了，或者说长得很缓慢。但是此时，龟的性腺却得到了飞速的发育。而这个冷的时期分为冬化和冬眠两种生态习性。

（1）冬眠

首先我们先来说说熟悉的冬眠，冬眠是某些动物在冬季时生命活动处于极度降低的状态，是动物对冬季外界不良环境条件（如食物缺少、寒冷）的一种适应。很多冷血动物都有冬眠习性，它能让变温动物在寒冷冬季时体温降低到接近环境温度，从而促使代谢降到最慢，全身呈麻痹状态，减少在此环境中的营养损耗。冬眠其实是动物进化应对寒冷冬天并避开食物匮乏的一个必备之技。有冬眠，自然还有夏眠，同样是对待酷热干旱多年形成的生存之技。对于很多国产龟种来说，如果没有相应的冬眠过程，

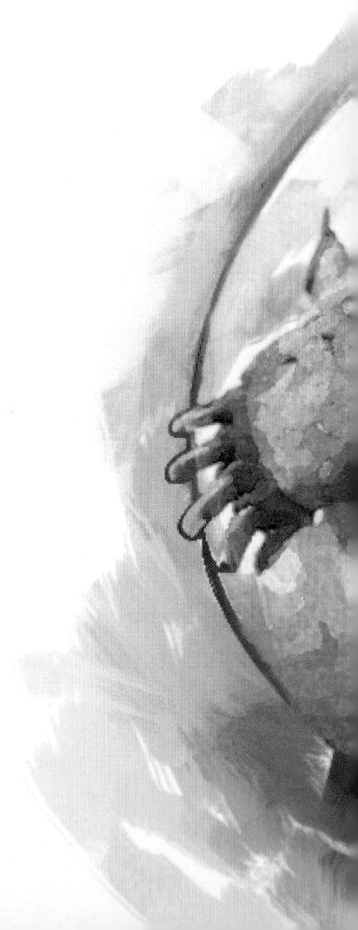

也会导致其繁殖问题，但冬眠最主要的目的，还是为了活下去。冬眠的温度跨度很大，20℃是冬眠的分水岭，低于20℃，高于15℃，有交配现象，并逐渐进入浅冬眠。直到低于15℃，龟就不怎么动了，但是同样会醒过来，睡过去，新陈代谢相当慢，甚至心跳一分钟只有十几跳。一般不建议低于5℃，15 ~ 10℃最为理想，低于5℃，就有冻伤的危险。国内除了两广海南是冬化外，其他所有地区，基本都属于冬眠习性的地区。

（2）冬化

冬化就要幸福多了，一般需要冬化的龟都生长在亚热带或各种气候特殊的季风气候地区，那里的环境以温润潮湿的夏季为主，一般只有1 ~ 2个月的低温冬季，并且平均最低温度始终保持在10 ~ 15℃。但是冬化并不像冬眠那样是必须条件，也可以持续加温，但是性腺会发育的缓慢一些。对于需要冬化的龟来说，没有合理的冬化时间只会给它们的繁殖造成一定困扰，暂时还没有研究表明会对他们的健康造

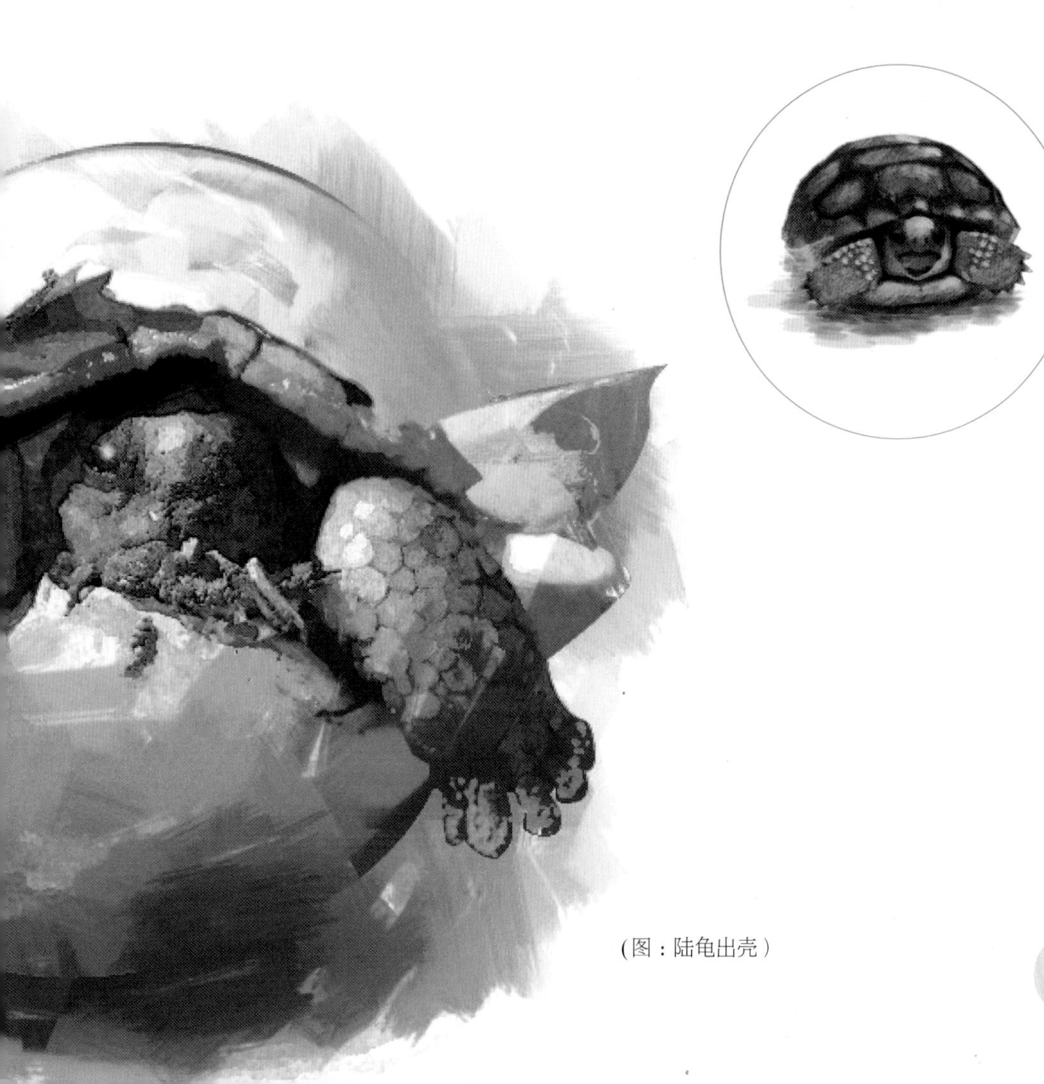

（图：陆龟出壳）

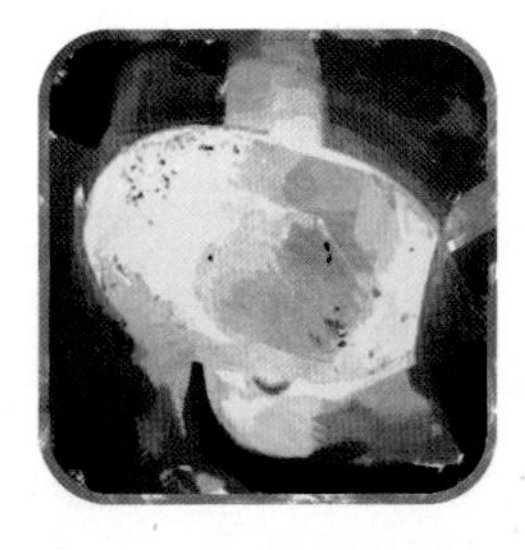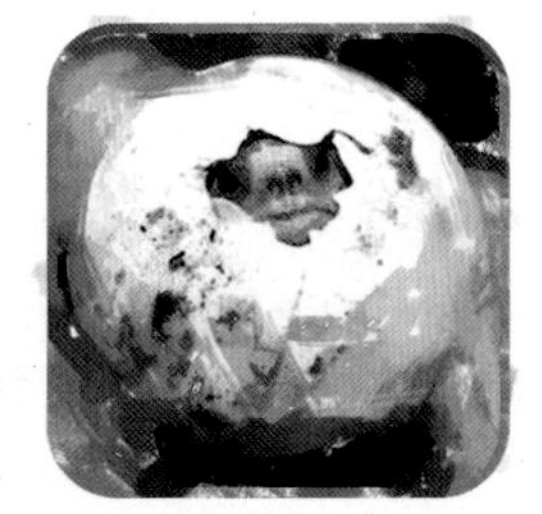

（图：孵化局部图）

成什么影响。但是对于需要冬眠的龟种来说，如果没有一定时间的合理冬眠，会使它们的繁衍、健康、寿命受到较大的威胁。而很多龟友容易犯的错误就是误将某些只能冬化的龟种放入冬眠的行列，本来只能享受两个月冬化，却要忍受六个月的冬眠，给龟龟带来很大伤害。合理科学的冬化是促进它们繁衍生息的条件之一，合理时间、合理低温能促进龟种进行大量交配、摄食、繁衍。这与它们与生俱来的生长环境息息相关。

陆龟的种龟，基本上以进口为主，可以自己养大的CB（表示人工繁殖）种龟，只有一些小型陆龟，比如缅陆、红腿、四爪、赫曼等。要想顺利繁殖，最好是以两广海南一代的温润气候为基础条件，濒危物种苏卡达陆龟在海南繁殖成功。经国家林业局、国家濒危物种进出口管理办公室2012年批准，海南文昌长寿园龟类养殖场从非洲引进一批苏卡达陆龟进行饲养繁殖。2014年7月，首批1000余只幼龟繁殖成功。而其他一些大型陆龟，估计再等若干年，也能逐一实现繁殖，让我们静静地等待吧。

一般种龟都说一组一组，何为一组，通常情况是，一公两母，可以增加母龟的数量，但是不能增加公龟的数量，否则，不好繁殖，天天打架。对于初试蛋，刚刚进入繁殖期的龟，可以通过有经验的成熟异性种龟，进行混养刺激，提高稳产的几率。公母可以不定期地分养、混养。平时都分开养，一旦进入龟的发情阶段，要马上混养，等交配期过后，就要继续分养。让公龟休息，也能让母龟进入产蛋期。

食物至关重要。在饲料中添加富含维生素的麦芽、淡水虾、蚕蛹、猪牛羊胎衣；也可直接在饲料中拌入维生素A、D、E及锌，还可在饲料中混入松针粉、韭菜末、阳起石等中草药粉，均可有效提高雄龟性功能，促进成功交配。如果这些不方便取得，那就食物多样性，可以补充一些乳鼠，多吃口碑好的饲料以提高营养的全面性。

二、龟龟的爱巢

以水龟、半水龟来说，最核心的就是水区、陆区、产蛋区。按规模来分，可以分为室内、庭院、繁殖场。如果超过一定规模，达到繁殖场程度，就需要办理相关证书。

如果只是个人饲养玩，整理箱、水产箱、鱼缸即可。一个繁殖环境，只能放一组种龟，如果母龟多了，那产蛋区就会发生前一个龟刚埋好的蛋就被另一只挖出来的情况。甚至有的霸道母龟，产完蛋就守在沙池出入口，导致其他母龟，只能产在水里。水蛋过了时间，就只能炒炒吃了。

（1）水区

水龟的水区，水位不宜过深，很多龟交配的时候，都喜欢浅水区，有可能是方便母龟换气，也能减少游泳的体力消耗。为了一组龟在交配期间互不干扰，避免误咬，水区的面积要达到龟占地面积的六倍以上，越大越好。

半水龟的水区要分两个，一个吃喝的，需要经常换水，保持清洁，放在平时喂食的区域。另一个是排泄泡澡的，要足够容下龟龟全身，一般设置在角落里。半水龟对陆区要求比较高，因为半水龟背高，需要公龟有结实的抓地。

（2）陆区

陆区是放土，红砂土、泥炭土、山泥或者花园土，哪怕是工地的生土，均可，做到消毒，湿度掌握好就行。如果真的不喜欢土养，也可以铺卫生间的防滑垫，最好是那种很长很大的，按照特定尺寸剪割好，一定要晒几天。一般为了防止半水龟乱下蛋，土养的龟友，也会在陆区的土养垫材上铺上防滑垫。土养最重要的作用是保持半水龟的湿度环境。同时提供交配的抓地性能。陆区是半水龟的绝大部分活动的区域，所以要大，一般一只龟，单陆区的占地面积要六倍以上。

（3）产蛋区

产蛋区通常都用黄沙。因为价格不贵，粗细好把控，也不会积水，更不容易滋生细菌，对于母龟挖洞也比较轻松。视龟龟大小而决定沙池的深浅，一般二十多厘米的龟，通常需要15cm深，沙池面积，要能同时容下三只龟一起产蛋。浅了，母龟会觉得不安全，深了，取蛋比较麻烦。当然，现在很多龟友都会用WIFI接监控，直接和手机相连，可以观察母龟何时挖坑，产在哪里，以减少损失。产蛋区需要遮盖，尽量遮挡，营造安全感。毕竟母龟保护自己的宝宝是天性。水龟的沙池，夏天敞开还好，如果加温繁殖的龟，空间相对封闭，水汽大，有凝水形成的露珠，沙池内时间长了会积水，要保持沙子的湿度，就只能靠换沙了。当然也可以混入蛭石，提高产蛋区的松软度。

天井、大露台，或是一个小小的院子，都是很好的户外繁殖场所，基本上以接近大自然，仿生态为主，水区、喂食区、活动区一个都不能少，下蛋区的垫材可以是花园土混上一定比例的沙子，也可以放入椰土，甚至是蛭石，做好防雨，防洪。同样也要透气，遮蔽隐私，避暑。在产蛋期前，要足够暴晒。遇到梅雨季节最好用灭菌灯定期照射，当然要避开龟龟，灭菌灯对眼睛的杀伤力很大。另外场地内要种点大树，夏天有乘凉之处，当然果树最好，龟的大便滋润果树，果树掉落的果子，又会是半水、陆龟的极美佳肴。

(4) 交配的时机

种龟有了，繁殖环境营造好了，就差时机了。一般冬眠的水龟，多以春秋交配。这个时候，已经过了惊蛰，温度不低了，但是离活跃期的25℃又有差距，在野外这个时候食物也很少，龟龟很聪明，既然如此那就生小宝宝吧，冬眠这几个月，龟龟的性腺一直在飞速发育生长，相反，等天气暖和了，性腺反而会休眠。而不冬眠的龟龟，是一年四季交配的，多以活动期为主，在我国春季到秋季都有龟龟在不定期求偶交配，却在冬季下蛋，如果蛋有滞育期，那就会一年四季在孵蛋了。水龟喜欢在浅水中求偶，所以繁殖期，水位不宜过高。大多龟喜欢在安静的早上或傍晚进行求偶。但是人工环境，有可能改变，有很多陆龟全天都有可能求偶。繁殖期的公母龟都会散发独特的气味，来吸引对方，水龟会在水中，通过前肢波动，摇摆，招手，快速散发气味，这就是为什么经常会看到公龟对着母龟跳舞。

(5) 产蛋

母龟产蛋前，会先试点，有的会试点三四次，产蛋多半在晚上，也有凌晨，都是挑隐蔽的时候，产蛋前，它会试着挖两下，如果沙太干，会先撒一泡尿，湿润湿润，等挖到一半又干了，还会继续撒尿，别看龟笨手笨脚的，但是挖洞却很有技巧，通常都成梨状，口小，底部空间却很大，生蛋是一个很慢的过程，蛋产完后，母龟会把沙土埋得很平整，还会用腹甲压平，等到觉得安全了，才离开。

当蛋刚产出的时候，不能立即取蛋，根据龟龟爪印以及腹甲印，确认位置，可以插个小旗做记号，因为当天产的蛋，动物极还未形成，不明显，移动后，对卵有一定的影响。第二天再取比较科学，取卵时候，宜顺着卵的排列水平轻轻拿起，不可以用单指勾拿，扰乱了动物极位置，平稳取出后，平放在沙盘收集盒内，如果蛋中央有白色圆环，或者白斑，那恭喜你，这是一枚受精卵，如果没有，也不要太急，有些精斑会在后几天出现，取出蛋后要及时写上此刻日期，便于日后计算龟出壳、批次等时间，确定取光后的下蛋池，要将沙土整平翻松，确保母龟可以再次下蛋。

三、宝宝的降临

(1) 蛋宝宝的特点

很多刚开始孵化龟龟的龟友，都会忽视精斑，觉得老母鸡孵蛋，拨来拨去，翻来翻去，为啥龟蛋就不行。甚至认为晒晒太阳会暖和一点，就像老母鸡用肚子抱窝，这个都是误区。首先，先看看龟蛋和鸡蛋的构造，绝大部分是一样的，都有蛋壳、蛋清、蛋黄，肉眼看外表唯一差别就是大小，从孵化技巧上来讲，区别是禽类的蛋在孵化过程中是可以翻转的，而且是必须定时翻转，这样才能够使孵化温度均匀，龟类的蛋却不能翻转，也不需要母亲温度。通过下面的解剖图，能发现，鸡蛋比龟蛋除了共同拥有蛋黄、卵周膜、蛋清、蛋清外的纤维膜，蛋壳外，还多了一个很关键的系带，一个很重要的气室，就是这两段牢牢系住蛋黄的系带，在蛋的两极，像

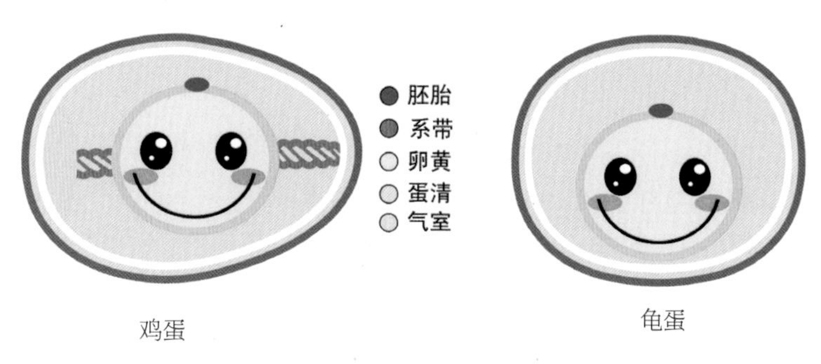

（图：鸡蛋和龟蛋区别）

（图：孵化卵黄下沉）

（图：孵化精斑）

钢索一般把蛋黄悬挂在蛋的当中。无论蛋的位置如何，无论怎么翻滚，蛋黄始终悬空，胚胎也能时刻保持在蛋黄的上部。自然也不可能压迫气室，导致闭气。

龟龟属于原始种群，还没有系带，卵黄在重力影响下，会下沉，形成精斑，并保持胚胎朝上，如果动了位置，旋转了方向，翻转过来的蛋黄就会压碎胚胎，在蛋黄的重压之下自然会死亡。所以第一时间做记号，至关重要，不可忽视。

(2) 孵化

蛋有了，接下来就是最重要的环节了——孵化。

孵化的三大因素，温度，湿度，空气。

① 温度

温度极其重要，是一切的基础保证，温度的高低影响了胚胎的发育以及孵化期的长短，甚至影响稚龟的性别。在22 ~ 33℃范围内，温度越高，胚胎发育越快，

（图：赫曼出壳）

孵化的时间越短；反之，温度越偏低，胚胎发育较慢，孵化的时间越长。当温度达23 ~ 27℃时，绝大部分稚龟呈雄性；而当温度在27 ~ 32℃时，绝大部分稚龟呈雌性，高于32℃又是雄性居多。

② 湿度

分孵化蛭石中的湿度和空气中的湿度两部分，湿度从0 ~ 100%划分，孵化蛭石潮湿的程度直接影响卵胚胎发育，湿度过大，蛭石的含水量过高，蛋易闭气死亡；湿度过小，蛋内水分蒸发，卵因“干涸”而死亡。一般来说，将空气湿度控制在80% ~ 90%，蛭石湿度控制在8% ~ 12%，如果是沙土，可以以手捏成团、松手散开为湿度标准，如果是蛭石，可以找一粒，捏扁，如果手湿而没有水滴，为宜。

③ 空气

在湿度、温度保证的前提下，有一定空气对流即可，这个不是问题，但是要谨防小飞虫，能套个纱网就最好了，还要小心空气中的凝水，一旦水滴布满蛋壳，就有可能导致没法呼吸而闭气死亡。

在孵化的方式上因人而异，毕竟龟龟文化还不长，都是吸取各方资料，找到一种最适合的。从孵化的容器来分，有自然孵化、室内常温孵化、孵化箱恒温孵化，下面就说说各种方法的操作。

① 自然孵化

刚开始玩的龟友，也许比较倾向于自然孵化，特别是有院子的朋友，当龟下蛋后，不取出，凭借自然的日照温度，雨水和土壤中的自然湿度，有时候腐烂的叶子植被也会产生热量。此类方法，受天气影响，一般自然孵化时间会稍许久一点，如果下蛋晚，会因为尾期太冷，而停止出壳，如果碰上水涝，加上蚂蚁老鼠的破坏，蛋就被自然淘汰了。

② 室内常温孵化

取蛋后，移入事先准备好的孵化盒，可以是饭盒、整理箱、水产箱，只要有盖子即可。容器内的孵化媒介起到保湿透气作用，没有特定规定，但是广大龟友用下来，认为蛭石是不错的选择。有大颗粒，小颗粒，看取材方便，一般大颗粒要贵，小颗粒便宜，有一些是染色的，呈金黄色，使用前一定要消毒，暴晒数日，或者沸水浸泡，也可以微波炉加热，切记不要紧捏，因为蛭石类似海绵一样有吸水性，捏扁了，就不会弹开，从而失去了吸水保湿的能力。铺设的越厚越好，看盒子深度，个人认为，15cm比较理想。当蛋排列好后，盖上盖子，为了保证湿度，盖子只能打几个小孔，笔者一般打四个角，一个角一个孔，孔在盖子上，这样可以防止水气凝结成水滴，滴落在蛋壳上，导致闭气。放入一个温湿度计，作为观察依据，放在遮光，温度稳定的地方，可以是桌子底下，抽屉里，沙发底下，厕所角落，也可以拿个纸箱子，泡沫箱，收集起来。通常适合气温舒适，符合孵化要求的夏天。因为自然温度孵化，温度并不高，孵化时间会比较长，普遍为85天左右。

（图：龟蛋孵化进度表）

③ 孵化箱恒温孵化

这是在室内常温孵化的基础上，多了一个恒温系统，这个恒温系统可以自制，也可以买成品，当然也可以室内整体加温。自制方法多种多样，一般有两种比较主流，第一种是泡沫箱，底部架空，放一个加热垫，加热垫上再架空，放孵化盒，孵化盒里放好受精蛋。切记，泡沫盒子、孵化盒不能和加热垫接触。加热垫有五六十度的温度，如果挨着会形成灼伤。为了保证空气湿度，也可以在角落放一个水瓶。温控器探头直接塞入蛭石，最准确地检测蛭石的温度。温湿度计也不能少，毕竟温控器有偏差。如果有爬箱，把爬箱改造成孵化箱也是常用的，遮光要做到，不能晒到太阳，也不能用很亮的加热灯加热，可以用陶瓷灯等一切可以加温而没有光源的加温设备，同样配上温控器、温湿度计、水盆保湿。加热垫也是依然非常适用的方法，爬箱越大，所需要的加温设备就越大。封掉窗户，爬箱本身就透气，加上玻璃移门的空隙，平时检查打开关上爬箱时替换的空气足够。如果有一个龟房，可以靠烧无烟煤、地暖、油酊，甚至直接变频空调来控制温度。这几种方法都有很多龟友在尝试。效果都不错，使孵化变得容易了，毕竟是整体加温，温度湿度很稳定。

④ 成品孵化箱

类似一个车载冰箱那么大，也有人用孵化家禽的箱子改造，去掉翻转功能即可。

这类孵化箱原理也很简单，一个铝合金加热块，配上风扇，有的有低功率压缩机，能够起到降温作用，温控数显，甚至风扇还有大中小强度可调。通常在底部有个储水托盘，一层一层架子，放好事先准备好的孵化盒。有一个蓝紫色的灯，用于查看孵化情况，而不影响其发育进度。甚至为了有车一族还设置了汽车电源线，也就是说停电的时候，12V电压就可以正常运作了，可谓人性化十足。但是孵化箱有风扇，在湿度控制上，有别于其他自制孵化设备，湿度太低。不过也有很多孵化成功的案例。恒温的孵化，时间比较短，通常为60天左右。这个也要看龟品种，有时为了适应当地气候，会有选择地延长时间，俗称滞育期。也有发育成型了，等着雨季到来，才破壳而出。

从埋蛋的类型来分，又分为全埋、三分之一埋、半埋、四分之三埋和裸孵。

① 全埋

在野外，龟蛋几乎都是全埋的，但是为了便于观察和分析，家养时全埋的比例不高，笔者个人还是比较偏向全埋的，全埋的最大好处是，蛋壳不会凝水。通过大颗粒的蛭石全埋，透气也保湿。全埋需要大容量蛭石，一般深度最少15cm深，在整个孵化过程，就不需要加水了，湿度、温度都会趋于一个非常平稳的过程。算好日子，期间过程无需观察。适合有经验、孵化量比较大的玩家。

② 半埋

埋多埋少，由你掌控，因为蛭石的湿度比较难控制，半埋，甚至只埋三分之一就能有所弥补。也便于刚开始玩繁殖的龟友观察，看着龟蛋，精斑到血丝，血丝到变白，又从变白到变深。如果细心，你还能看到蛋黄成型，稚龟成型。几乎绝大多数龟友的孵化都是以半埋、少埋为主的。便于观察应该是此类方法最大的优点。

③ 裸孵

裸孵是从蜥蜴等其他爬宠沿用过来的。能严格控制温度和湿度，做到数字化管理，最大优点是比较卫生。方法如下：准备好大小合适的爬箱，泡沫箱、孵化箱，底部铺十厘米深的蛭石，湿度达到90%，上面放木条或者网格板，网上也有裸孵的蛋托。也可以自己做，只要有可以防止蛋翻动的小坑，或者一个比蛋略大的洞。然后把收集好、做好记号的龟蛋，置于准备好的凹槽、网格、蛋托、洞里，只是起到固定作用，主要靠空气中的湿度，空气湿度保持在85% ~ 90%。温度控制在28 ~ 30℃。必须每天观察龟蛋表面的干湿情况以及卵黄发育的情况，一般以龟蛋表面有针尖状的细小水珠为宜，在湿度控制上，前期高湿，后期要湿度低一点，可以通过通风慢慢降低湿度。

通常裸孵要比全埋氧气充足，所以孵化时间要短。缺点是湿度没全埋等好控制。

不管哪种方法，定期观察是少不了的。检查工作不能马虎，主要检查两点：温湿度和龟蛋发育情况。要想什么都不看，坐等出壳，那也不现实，就算是繁殖场，也要定期检查，特别是恒温孵化靠的是仪器，但是也不能太过担心，很多龟友不但反复观察，甚至没事就拿出来照照情况，甚至时间未到，就人工出壳，拨开了就后悔了，后悔了还是继续拨壳，心里知

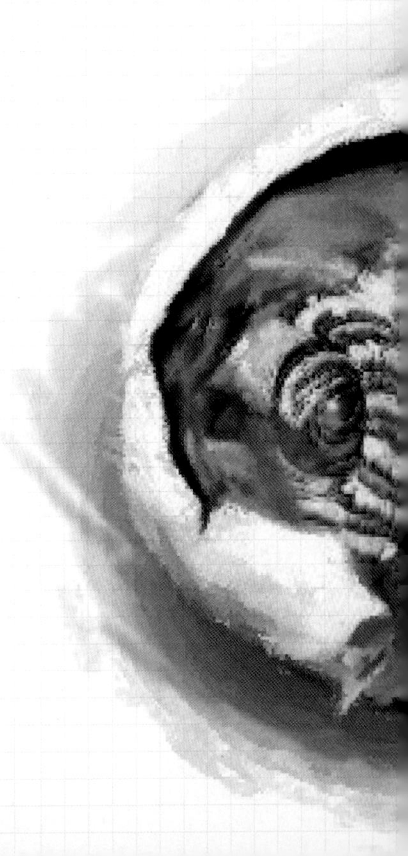

道不能急，不能急，可是总按捺不住。个人建议，每天至少检查一次温湿度计。肉眼观察一下蛋内情况，这个变化不是很快，所以一周随机挑一个出来照一下看看壳内情况。如果蛋比较多，可以多抽选几个样本进行检查。切记不要翻转，轻拿轻放，注意拿的手势，不能形成剧烈的温差、湿度差，把观察的结果记录一下，以便对比观察，如果孵化箱出现了问题，要及时发现并且调整。一旦碰到坏死、发霉或者停止发育的龟蛋要及时移除，确保孵化环境的卫生安全。

龟蛋孵化前后要经过6个时期：母体内发育时期、神经胚时期、卵黄囊血管区时期、胎膜和形态建成时期、骨化时期和破壳时期。每个时期承前启后，环环相扣。如果您不了解蛋在各个时期的变化，也就无法准确判断蛋的发育顺利与否，健康与否了。

（图：地图幼龟）

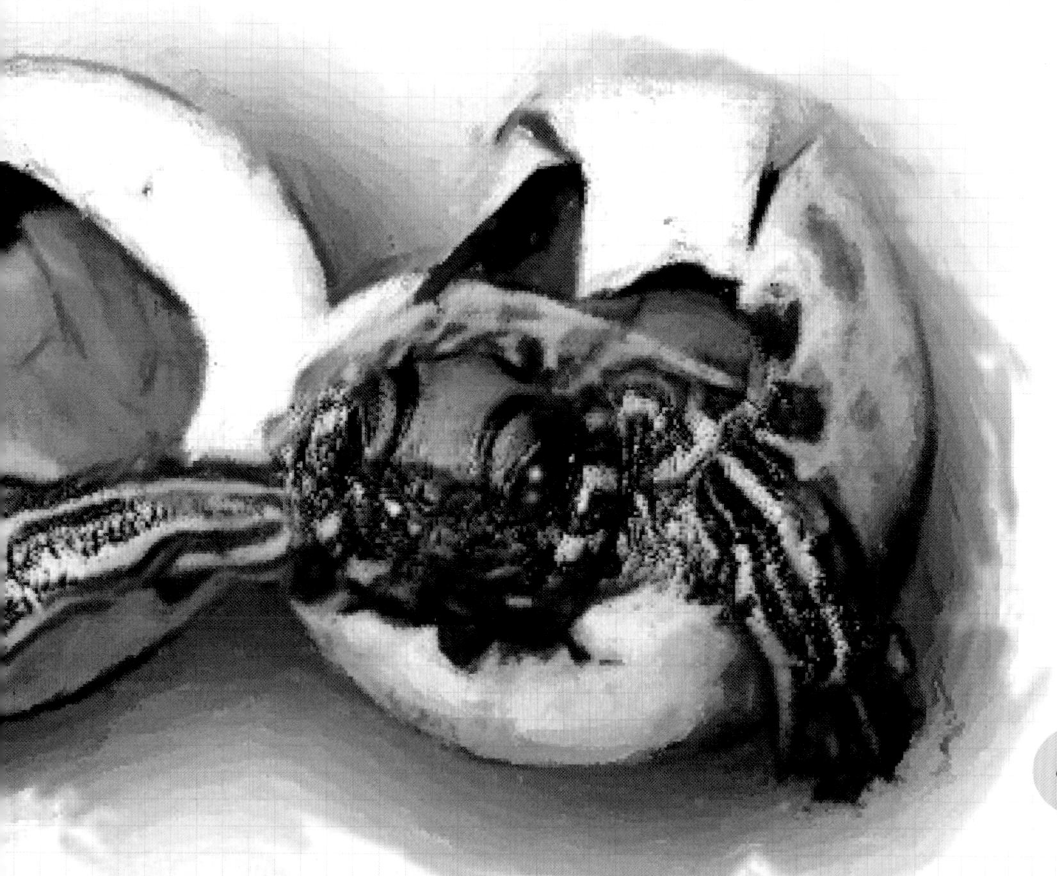

四、经验之谈

孵化是一个奇妙的过程，谁也不能说自己的孵化方式就是最好的，只能说龟蛋对温度湿度空气的要求范围，还是有很大伸缩性的。但是即使有繁殖经验的人，都有可能遇到如下情景：明明看着受精了，却发育一半停了；明明都成型了，却出壳迟迟未动，拨开已经夭折；更明明都出壳了，却是畸形，错甲，甚至先天残疾；好不容易碰到一个全品健康的，出壳爬了五天也莫名其妙走了。带着这些疑惑，一头雾水的您，是不是很无奈。孵化箱也买了，资料也查了，也成功孵化过，就是不知道未孵化的原因，有时候，还不如自然孵化的成功率高。

下面归纳一下大家碰到的问题，做个分析。

（1）精斑

精斑出现是需要时间的，不是马上，甚至有的龟蛋被产到水里，只要及时捞出，也会在之后的十二小时内呈现精斑，并成功孵化。精斑的出现，一般三天为准。如果蛋壳表面粗糙，有很密的无数小坑，蛋苍白犹如石膏，或者一汪清水，看似透玉一般，都是非受精蛋，别抱侥幸心理，为了其他龟蛋，要及早剔除。

（2）涨蛋

龟蛋在孵化过程，由于湿度过高，吸收了过多的水分，蛋壳会肿胀，或者裂开一条缝，缝中流出少许液体，甚至还渗出血丝。如果遇到这个情况，首先要及时调整孵化的湿度，切忌调换蛭石的方式，或者重新移窝来孵化，这种大幅度降低湿度的方法是相当危险的。急剧变化的湿度势必会影响龟蛋的发育，甚至导致停止发育。这里教大家几个简单办法，湿度控制主要是控制空气湿度，如果是孵化箱，可以打开一部分盖子，加强空气流通，降低湿度。如果是孵化盒，可以多钻几个小孔。如果是全埋，可以撒一点干蛭石在表面，吸掉一部分蛭石中的湿度。对于已经破裂的龟蛋，甚至渗血丝的龟蛋，千万别慌张，有人说用封蜡。但实践下来，用防水创可贴最好，去掉当中海绵部分，用两边粘性的部分，剪下能正好盖住裂缝口的形状，摊平贴上去。一般这类裂缝的蛋，比较容易招虫，加上开盖降低湿度，更容易让蚊虫乘虚而入，笔者的方法是，用一个细密的网袋，能封住盖子开口，或者套住整个孵化箱。一般调整过后龟蛋会继续正常发育，记得及时观察。

（图：创可贴补蛋）

（3）霉变

如果没有及时剔除不合格的龟蛋，就会发生霉变，通常一开始蛋发白，表面毛糙，后来全部长白毛，甚至发绿，长霉菌。一旦发霉变质，就会引来小飞虫。只要小飞虫感染了龟蛋，生下虫宝宝，就会发生："一颗坏龟蛋，坏了一窝蛋"。如果不经常检查，那么其中一颗龟蛋发霉变质后，霉菌和虫子就会快速侵蚀周围的龟蛋，连带一颗连着一颗，最后一窝健康待出壳的龟蛋，都团灭了。因此要多留心，多观察，多检查，做一个合格的验蛋员。

（4）温湿度变化

温度是保证孵化的基础，温度高一度，孵化时间就短一分，很多人就认为，温度比正常高1 ~ 2℃最好，这样的确可以降低风险，缩短时间，但是过犹不及，过高的温度，是造成错甲率和畸变率高的原因。而且孵化过快，龟蛋发育过快，到后期，可能出现血管已收，而卵黄囊未及时正常吸收的情况，这样的龟在出壳一周内，夭折的概率会大大增加，这就是很多龟虽出壳了，五天内还是挂了的原因。有的龟蛋在调好的温度下，无法正常发育，或者发育停滞，则需要采用变温的孵化方法，也有的是龟蛋有滞育期，就要耐心等待了。及时检查，确定问题，不能马虎。

一个足够容积的孵化环境，湿度一开始最高，随着龟蛋的发育，孵化中的湿度，应该是缓慢下降的。除了前面说过，不能急剧改变湿度外，也会出现因为孵化蛭石数量少，保湿差，透气太快，导致湿度过低，从而引起蛭石过干，导致龟宝宝在孵化发育过程的中途脱水死亡的情况。相比较而言，水龟的湿度要高过半水龟，半水龟要高过陆龟的孵化湿度。

（5）蛋壳处理

以卵击石，不破也碎，龟蛋是很娇弱的，大家都有挖蛋的经验，只要器械用错，手指过力，就有可能造成下蛋池里的龟蛋破损，甚至其他母龟重新下蛋也会把前一个母龟下的蛋造成或多或少的损伤、破碎、开裂。而这些破碎在不影响龟蛋发育的情况下，是可以酌情补救的，具体方法因蛋而异。目前，有封蜡法和创可贴法，如果伤得不重，有时候透明胶一小段也是可以补救的，这个前面提到过，用防水透明胶，记得防虫。

在刚脱离母体的时候，有时为了落坑而砸到同胞的蛋壳，但没有碎裂，这除了因为有粘液保护外，还因为蛋壳都偏软，如果砸的不好，就会凹陷一块，看到这样的蛋，千万别扔掉废弃。事实证明，龟宝宝在胚胎形成的过程中，会渐渐的从内部增加压力，如果水分过多，还会肿胀变鼓包，这点凹陷，足可以恢复圆形，不必过于担心。

（6）破壳处理

当孵化的热情随着60多天，甚至160多天而消磨殆尽时，龟宝宝就快要出壳了，你的激情一定会被重新点燃。这时候，检查频率要做到每天一次，甚至一天几次。虽然龟宝宝有破壳齿，但是难保有的龟宝宝体质较弱，有的才啄一个洞就再也使不出力气了，或者说方法不对，不足以让自己爬出蛋壳，这样的情况下，都是要自然淘汰的，但我们可以给予帮助，只需要帮忙撕开蛋壳即可，注意只撕开，不要拖出幼龟，更不能拉出来，只要扩大洞口，放回原处，让它无阻碍地可以自行爬出来即可，因为龟宝宝更知道自己状态，更清楚自己的卵黄囊是否吸收完整，是否恢复了体力，只有一切都准备好了，爬出来，才能适应外面的世界。

第四章
龟龟小诊所

一、防病之季在于春秋

防病胜于治病，而龟龟的防病，功在春秋，利在寒冬。没错，春秋是关键，春秋弄好龟龟，冬天夏天就安枕无忧了。

（1）不冬眠龟

对于没有冬眠习性的龟龟，春秋季节需要保证最低20℃，确保其消化功能的正常运作。对于此类龟要注意以下几点。

① 室外转室内

秋天正好是加温和不加温的交替期，这个时候如果处理不当，很容易出问题，笔者的一条鳄鱼和一只公草龟，就死于要冷不冷的秋天，非常心痛。其实保养的方法很简单：一切放在户外饲养的宠物，都要移入室内，确保早晚温差不高于5℃，一般10℃就有危险。

（图：整理箱）

② 换水变过滤

加温的龟龟，为了不频繁换水，最好要有过滤，过滤以容积小的为准，个人推荐小型上过滤，或者龟龟专用过滤，过滤对于密度过高的水体，一般只是起到水清效果，一旦大型龟或者多只龟一起大便的时候，水会瞬间浑浊，这就需要手动换水。如果加温的面积够大，水体够大，那就无所谓了，各种过滤都很实用，一般也不需要换水。

③ 加热棒

（图：加热棒）

加热棒一般都选用不锈钢的，如果要更好的，可以用德国产的防爆加热棒，个头大、寿命长，普通加热棒是双金属片热胀冷缩的

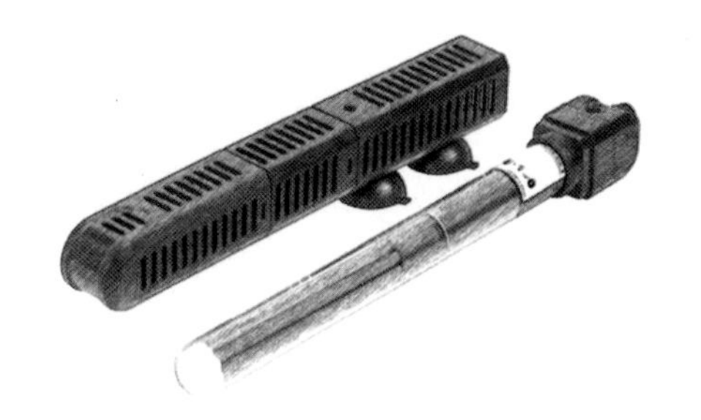

（图：加热棒及其保护套）

（图：套缸加温）

原理，好的加热棒是电子晶片控制，加热棒放在水流湍急的地方，比如过滤槽里、造浪泵口，让水流把热量扩赛开来，使热量循环均匀分布。

④ 温控器

如果龟比较名贵，可以外加温控器，笔者个人比较喜欢工业用温控器，方块的，数显，质量好，也很准，工业多嵌入式的比拖线板类型的要耐用很多。

⑤ 容器

容器必须是加盖的，这样可以保证稳定的温度，虽然加盖，但也要保证透气，一般加热棒的电线从盖子的缝隙中伸出来，正好保证了空气的流通，盖子不用盖死，如果这样，浮岛是可以用的，另外为了省电，可以用保温膜沾满缸的底部和四周。盖子如果加灯就可以不需要做保温，一般情况，盖子散热量最大，如果不做保温可以在盖子上放个加热小缸，吸收余热，如果需要经常观察，可以用玻璃或者亚克力的盖子，空出一块留着做观察窗口。

⑥ 套缸加温

套缸加温就是大缸套小缸，这个适合小龟，小苗加温，套缸加温可以不用过滤器，如果小缸底部打洞，就必须加过滤器。

⑦ 隔离加温

隔离加温就是龟和加热棒在一个缸里，但是要隔离，针对大型龟有很多好处，最大好处是龟龟不会被烫伤。不会咬加热泵，酿成悲剧。

⑧ 爬箱加温

爬箱加温属于空气加热，具有很好的观赏性，也能绝对保证空气的热量，比较适合小型乌龟，因为目前爬箱都不大。用爬箱加温有两个问题要解决，首先是换水，换水要做到无温差；其次，热量要匀称，忌局部过热。第一个换水的问题好解决，不嫌麻烦的话，可以用温度计测，两边水温一致再换水。还有一个办法，是用可乐大瓶装水，放爬箱里一起加温，这样就能保证水温无温差了。至于温度的均衡，因为爬箱加热是利用加热灯扩散热量的，这样离的近的就一定比离得远的热，如果加热的小缸不多，只是底部一层，那就没问题了，距离基本差不多，温度也差不多，如果龟龟比较多，排了两层，那上层一定会比下层的温度高，个人建议，除了必要的温控控制外，还要加一个小风扇扩散热量，使之均衡，当然，现在很多加温设备都自带风扇了，比如空调灯、PTC 加热。

（2）冬眠龟

① 冬眠龟的标准

确保龟龟已经饲养一年，而且健康，状态生猛，秋天膘肥体胖。掂手里感觉压手，这就符合冬眠的要求了。

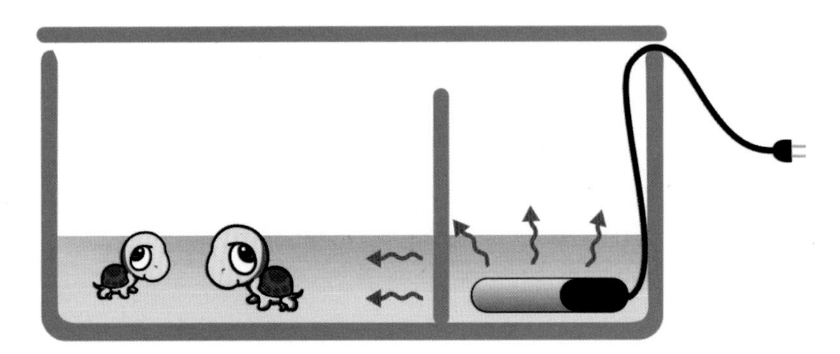

（图：隔离加温）

（图：爬箱加温）

② 冬眠法的选择

有好多种冬眠法：黄沙、稻草、无菌土、苔藓、清水、泥水。不管何种方法，第一要确保冬眠的媒介杀菌处理过，无化学污染，笔者用过很多方法，最后还是发现清水过冬最安全，最简单，也最容易观察护理。清水过冬，只要水位齐背，半水龟，水到下巴就可以了，也可以到脖子，缘盾最上面的位置，原理是龟龟换气方便，也便于观察。不要怕打扰到龟，它处于麻醉状态，就像喝醉了，可以任你翻转检查。当然，对于半水龟或陆龟，苔藓、椰土都是不错的方法。

③ 适时检查

龟龟冬眠属于半麻醉状态，这个时候你去碰一下它，它会有弱反应，但不会影响到它的精神状态，所以，每个月都要适当检查，看看有没有腐烂、寄生虫和水质恶化，以及龟龟反应的状态，一个月要清理更换一下冬眠媒介，如果用苔藓冬眠的，要保证苔藓的湿度，如果是清水冬眠就需要换水。

④ 早清肠、晚出眠

晚秋时清肠要早做，介于江苏的气候情况，笔者都是9月好好喂，一过10月1号，就减少投喂的频率，并且降低水位，逐渐停食，这时候白天气温高，晚上气温低，龟龟开始了最后的清肠，努力把肠胃里的食物消化吸收，排除这一年最后的一次便便。如若无休止地继续喂食，没有清肠环节，那么食物在肠胃内来不及消化吸收，就会腐烂、病变，这对冬眠的龟龟是致命的。如果没有及时清肠，可以用温水人为加速清肠，这个过程要反复几次，如果温度过低，还需要提高温度，给与肠胃足够的蠕动能力。所以冬眠就是排干净、睡大觉。

开春惊蛰过后早晚温差大，特别是三四月份，有句话叫人家四季如春，我们春如四季。纵使两广地区也会有冷热聚变天气。特别是20℃上下的时候最为危险。这时候不易出眠，应该选择气温稳定，甚至偏冷的环境，比如放在桌子底下或者厕所角落、储藏室、地下室里，确保温差很小，偏冷。但是冬天最冷，不宜低于5℃，不能高于20℃，10 ~ 15℃是最理想的冬眠温度。次年4月底开盖，这个时候龟稍微有些醒了，但是不能晒太阳，直到清明节后才能晒太阳，开始吃东西，这个时候，也会有交配现象，需要繁殖龟龟的朋友，要抓紧这段时间了。

二、体检

龟和狗不同，狗是恒温动物，有皮毛保温，有舌头散热，能适应人类的环境。虽然龟也有体温，但是属于变温动物，依赖环境温度、湿度的变化，因此需要适合的环境。龟的体质很强健，从远古到现在，龟在形态上依然保持原样，并无多大改变。养龟老手，并不是多会给龟治病，而是特别会辨别鉴定龟是否健康，一旦生病了，要积极面对，用心观察，对症下药。

（1）龟的抓取

首先说说龟的抓取，别看龟憨厚老实，胆小和善，但是它也有利爪，也有咬碎螺蛳的利齿，操作不当就有可能受伤。

① 小型龟的抓取

一斤以下的龟，从背部抓取，大拇指作为一端扣住龟的甲桥腰部位置，另一端用食指中指一起扣住另一侧甲桥腰部位置，形成一个天然的大夹子，把龟牢牢夹住。对于野生龟、外塘龟和一些陆龟，因为受到惊吓，会产生排尿应激本能。可不要小

（小型龟的抓取）

（中型龟的抓取）

看龟龟应激时候的破坏力，尿你一身是绝对有可能的，已经不能算是尿了，用射水枪更为形容，特别是陆龟排酸的本能，酸是白色奶状物，一旦沾染衣物，就像牛奶泼了一身，很难去除。根据龟的品种，也要防止被攻击，特别是鳄龟、大鳄龟、鹰嘴龟、窄桥巨蛋龟一类有攻击性的，别看才一斤，杀伤力已经相当大了。

② 中型龟的抓取

五斤到三十斤的龟，一般需要双手，同样是甲桥、龟甲腰部位置，一边一个手，牢牢扣住，一开始可以腹甲朝外，等抓取一段时间后，确定不会排尿，或者已经排完了，就可以腹甲朝里，观察龟龟的头部、尾部和四肢了。同样道理，谨防攻击性龟，特别是鳄龟，因为超长的脖子，快速的动作，赋予了鳄龟超广的攻击范围，甚至可以咬到背甲中部的位置，有网友想亲亲鳄龟，被鳄龟无情地咬穿了嘴唇。也有很多人，拿捏五斤左右的，具有长尾巴的龟，都喜欢抓尾巴，像拎老鼠一样，笔者不建议这样，特别是没经验的龟友，抓取尾巴的位置如果太靠尾端，很容易造成尾骨的受挫甚至骨折。如果要抓尾巴，就必须抓尾巴根部。抓取后，也要防止垂下的头部给你迅猛地攻击，一定要保持安全距离。抓取尾巴，还不能观察龟龟状态，需要抓取尾巴的同时，一只手顶起腹甲中部，避开四个爪子的划伤，固定尾巴防止回头，托起胸部，稳定龟身，这样才可以观察到龟龟的四肢和头部情况。当然，如果熟悉龟龟的习性，可以采用托屁股法，方法是食指到小手指四个手指合拢托住龟的腹甲后半截，尾巴靠着手心，如果尾巴很长，就让从手心起歪向一侧，大拇指压住背甲的椎盾最后两枚。概括地说，就是把手当一个夹子，夹住龟两个后腿之间的屁股。这样的优点是，能完全避开龟的攻击范围，也不会被四个利爪所伤，安全性很高，当然除了需要技巧外，最重要是手上有劲，特别是龟比较大，有特别好动的龟，还不停地咬，力气小就很难把控住。

③ 大型龟的抓取

超过三十斤的龟龟抓取，方法就比较多了，仍然可以用双手扣住甲桥。特别是陆龟以及温顺的水龟，如果超出一个人的抓取力量，可以借助布料、麻袋、编织袋或大的周转箱来抬起龟龟查看病情或者运输，当然运输最好的是拖车、板车以及三轮车、汽车等。这里要说的是大型凶猛龟或者超大型陆龟。一般大型水龟抓取比较危险的，就是大鳄龟、鳄龟和马来巨龟。这类龟有一种很帅的抓取方式，笔者把它比作为加特林式，当你左手伸进颈盾，牢牢抓住，右手提着尾盾,龟张开巨嘴咆哮的时候，真的就像一部重机枪——一台加特林。还有一种方法，同样是双手，一左一右扣住下缘盾，因为龟太大，抬举费力，可以把龟屁股直接用腿顶起来，会省一些力气。很多特别大的大鳄，都是靠大腿作为支撑被威武地举起的。当然，还有很多混搭的方法抓取，但是不管是举过头顶，还是放在大腿上，总归是抓取这几个部位：颈盾、尾根、尾盾、下缘盾、背和腹甲。

(2) 让龟龟露出脑袋

毕竟“缩头”是龟龟的本能，从古至今，从来未改变。而让龟伸出头部，并控制其头部，是利用了龟怕痒的特点。方法如下：用手指在龟屁股上的外壳，轻轻挠来挠去，温柔的持续着，也可以用毛笔、软木条等柔软物体，轻轻触摸龟龟尾部，臂部以及腿部。触摸前，将龟平放于桌面或者手中，固定住龟龟，操作过程需要耐心，不能随意移动龟龟，除了尾部的骚扰外，不要惊扰龟龟其他任何部位，目的是让龟放松警惕，否则很有可能再次缩头，而且会更紧张。相对而言，胆大的龟，比

较容易操作成功，胆小腼腆的，则要多费一番工夫。有的龟当屁股朝上、头部朝下的时候，会自动缓缓伸出头部。对于体弱病患的龟，因为虚弱无力，当拉出前肢时，龟头部也会顺带伸出体外。

（图：龟头部固定）

（3）控制头部

当龟伸出头部后，迅速用大拇指和食指扣住龟的腮帮子下部（外耳位置后面一点，位于颈部与头部的连接处），用力不能太大，以卡住使其不能前后动为宜，切记不要用力捏或者向外拔，否则都会使龟受伤，并且造成紧张和胆怯。当龟龟开始熟悉，不排斥这个姿势了，才可以慢慢向外拉，速度要慢，避免造成惊吓。根据龟的大小实行抓取的姿势，一般有两种，分别是从下颌往上抓和劲盾背部位置往下抓。

（4）让龟开口

（图：开口）

控制好头部，接下来就是张开嘴的步骤了，这个环节比较简单，方法很多，第一次，最好借助机械器材，比如开口器、止血钳、金属压片等。如果控制熟练，一张磁卡也可以让龟开口。首先龟龟嘴朝上，成竖起状态。然后用开口用的器械，触碰龟龟嘴侧面，反复刺激，如果是塑料卡片，可以直接试着塞入一点，只要龟龟感觉嘴不舒服，就有张嘴的条件反射，这时候要立刻将开口器、止血钳或者压片送入口中，防止嘴马上闭合。因为龟龟的舌头不是很发达，所以不用担心被顶出等，当然这个操作过程也不能松懈，一旦疏忽被挣脱，龟龟头部缩进壳内，就会非常警惕，要想等第二次伸出就难了。另外，对于会闭壳的龟，野生胆小的，操作难度会大一点，还有一些凶猛、攻击性强的龟，则要小心谨慎，以防被咬。

三、吃药

(1) 填食灌药

龟龟开口后，一般进行两件事，填食或者灌药。填食分流食和固体食物两种，流食的填喂和灌药是一样的方法。首先，填喂者坐在凳子上，凳子矮一点比较方便，然后用毛巾裹住龟龟，龟头部超上，夹于两腿之间。一手控制头部不让其缩进去，另一只手准备给龟开口。准备的工具有，针筒一个，挂水用的滴液管一部分，也可以用硅胶管代替，比如气门芯管等，这个网上有配套好的销售，也可以自己去小诊所或药店购买。把需要灌服的食物或者药物搅拌均匀，如有块状固体需打碎，一次量不能太多，以防灌多了对肠胃造成负担。把流体吸入针筒后，先排除针筒内的空气，让流体充满皮管内，然后塞入龟口腔，一定要塞入食道，不然龟是会吐掉的，不但要塞入喉咙通过食道，还要到达胃部，龟的胃很大，一般塞入距离达到背甲的三分之一处就基本上到了，这时候可以缓慢推注射器。一边推一边观察龟的反应，一般都不会有剧烈挣扎。如果挣扎剧烈则要停止，判断原因。等全部推完，就可以慢慢抽出，并保持龟龟竖着，头朝上一段时间，让流体在胃里适应一段时间，如果马上放下龟龟，甚至倒过来头朝下，就有吐的可能。

固体食物填食只局限于肉食龟类，投喂泥鳅、黄鳝等滑爽的食物，这里以泥鳅为例，首选选择大小合适的泥鳅，根据龟龟的体型而定，可以在泥鳅体内注入药物，把

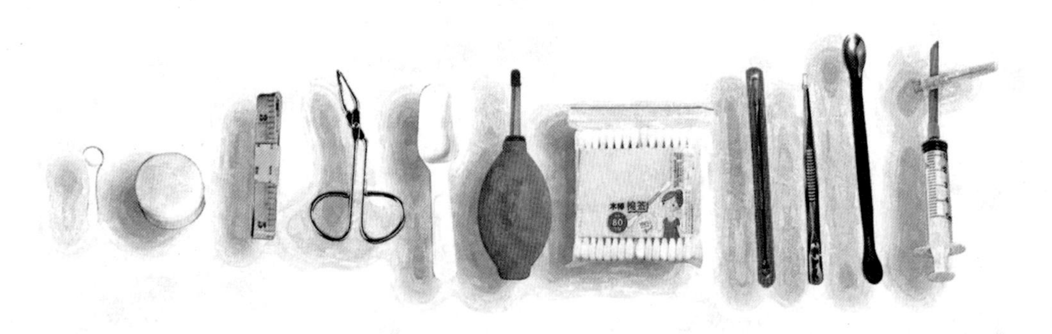

（图：器材）

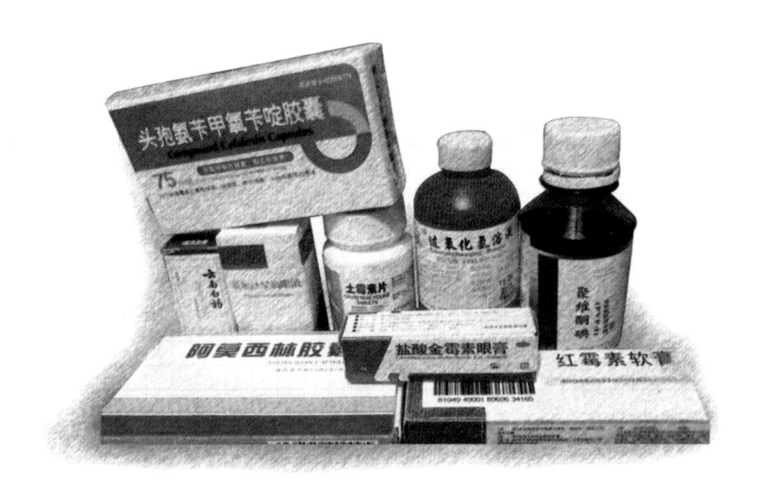

（图：药）

泥鳅作为载体。也可以把药片塞入泥鳅的口腔内。首先要弄瘫痪泥鳅，因为泥鳅的剧烈扭动会带来很多麻烦。笔者的方法很简单：用剪刀将泥鳅的脊椎剪断，位置越靠近头部越好，只要脊椎断就行，不要把泥鳅分开，尾巴可以减掉，泥鳅很滑，圆柱形，当避开开口器，送入龟龟食道后，泥鳅一般很容易自行下滑进去，不用担心伤口腔，因为已经减掉尾巴了，泥鳅的尾部就是一个横截面伤口，这个时候，可以用筷子、镊子等把泥鳅完全顶入食道，甚至顶深一点。只要泥鳅在喉咙里看不到了，加上龟龟竖着放，泥鳅只有进的份，要出来比较困难了，然后让龟龟头部自行伸缩几次，那泥鳅就完完全全进入到胃里了。还需要观察一下，确保没有吐出来，开始静养。

（2）药浴

这是利用龟龟喝到药水以及皮肤渗透来治愈的方法，药量比较少，也比较保守安全，更加符合龟龟代谢慢的特点。首先是准备好药，稀释开，如果药物不溶于水，可以先用酒精等稀释融化，然后再加入温水。药浴的水温，要高于龟的环境温度5℃左右，除了刺激肠胃，也能让龟舒适一点。高度以不超过背甲高度为宜，陆龟以不超过头部的高度为宜，这样，可以让龟轻松喝到。一般持续时间从半小时到三小时。根据药的特性以及龟的病况决定。

（3）注射

有肌肉注射和腹腔注射两种，注射最大的好处是，对于虚弱、凶猛以及拼死都不肯伸出头来的龟，能最快、最有效地让其吸收药物。治疗效果快，但是对于龟龟的考验也比较大，剂量很难把控，一旦超量或者用药不当，也会马上死亡。通常宁少勿多，严格按照体重比的剂量，根据病情合理用量。

（图：注射）

① 肌肉注射

通常选择大块肌肉的地方进行，比如四肢，小腿、手臂部位，通常水龟这些部位肌肉比较大块。而一些尾巴粗大的龟，则可以选择尾巴根部肌肉注射。一般对肾脏有副作用的药物注射在前肢，对肾脏无伤害的药物，则可以选择后肢或尾部注射。注射的流程是先局部消毒，用酒精棉球擦拭，然后注射器排空气，针头与皮肤成45°，这样可以避免刺伤经络骨骼。注射深度为5mm ~ 1cm，根据龟龟大小而定，注射速度要慢、温柔，完毕后，用碘酒棉球压住针眼，防止流血。

② 腹腔注射

腹腔注射，也就是注射到龟龟呼吸的后腿咯肢窝那的一层皮囊中，靠腹膜吸收药物，腹腔注射适合刺激性小、副作用小的药物，以及体型小、病情严重的龟。注射前，要拉出一只后腿，同样局部消毒，斜入与腹甲成20° ~ 40° 角，刺入气囊皮下深度1 ~ 2cm，因为靠近内脏，药液温度应和龟龟体温一致，避免温差。避免扎太深伤及内脏。同样注射完毕，用碘酒棉球压住伤口。

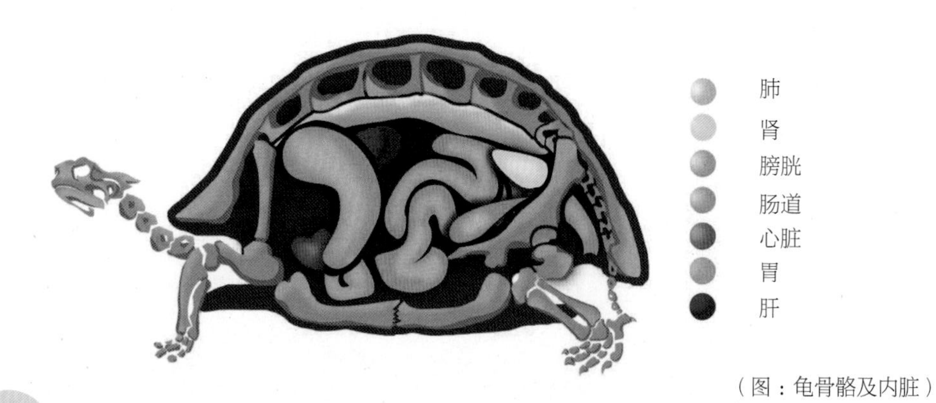

（图：龟骨骼及内脏）

四、常见病的治疗

（1）白眼病

病症：又叫肿眼病，一般多发于包括巴西龟在内的锦龟类等眼睛比较大的水龟。不管幼体还是成体都易发，多发于春秋季。轻则眼睛发炎肿大，略微泛红，不能睁眼，无分泌物。如果不及时发现，任由发展，最后眼睑内有白色豆渣状增生物以及液体分泌物，有的龟眼睑角膜漏出，有的则无法闭眼，豆腐渣物增生越来越大。相伴有鼻部、四肢都有白色腐皮。发病初期，龟尚能进食，只是不停用前爪蹭眼睛，嘴巴，这时候就应该重视，比较好治疗，如果拖延到晚期，会出现拒食，体轻，如果感染到眼睛内部，会导致头部感染面积加大，衰竭而死，也会并发其他疾病死亡。

病因：这是由于春秋水温剧变，水质污染，酸碱不平衡导致。特别是水质污染后，龟龟个体营养不良并且局部受过伤，感染引发此症。如果是秋天感染，那冬眠就会继续加重，死亡率变高。

治疗：在龟龟眼睛不舒服的时候，就应该重视，首先是换水，确保水质干净，可以降低水位，以不触及眼睛为准。轻者可以滴眼药水，以消炎类型为主，或者涂抹眼药膏。坚持数日，即可康复。而严重者，必须先清理眼内豆腐渣增生，清除白色分泌物，然后对伤口进行消毒，涂抹眼药膏，并注射氯霉素，以每千克龟10毫克药物为剂量，通常注射四天左右，也可以用氯霉素药片灌服代替注射。连续六天，一旦有好转，眼皮能轻微睁开，改用维生素B、土霉素药片进行药浴。如果气温低，则需要加温，以提高药物的吸收，治疗期间要勤换水，保持水质清洁，病龟越早开食越好，病重体虚的龟，可以药物注射外加食物填喂。

（2）腐皮

病症：水龟常见病，发病率高，龟友几乎都有治疗腐皮的经验。这是一种由嗜水气单胞菌、假单胞杆菌等多种细菌引起的疾病，轻则可以自愈，严重者死亡率很高。其发病范围可以覆盖全身，尤其以头部、四肢发病较为常见，表现为表皮发白、溃烂，就像附上一层膜，清理后，皮肤是完好的，或者有轻微渗血。随着病情发展，会日益扩大，最后糜烂全身。

病因：典型水质污染，加上龟龟抵抗力下降，导致表皮软组织受细菌感染。

治疗：首先清理表皮溃烂物，用金霉素软膏涂抹全身溃烂处，每天一次，若龟进食，可以在食物中添加土霉素等抗生素药物，若已经拒食，可以每天药浴土霉素溶液一小时。此外也可以用青霉素等涂抹患处，只要坚持数天后，就会有一定效果，直至康复。比较严重的，可以保湿，浅水，但是需要加温，并且高度水栖龟可以减少水位。要防止干养导致其他呼吸道感染的问题。

（3）烂甲

病症：甲壳呈现溃烂，盾片破损，有淤血，渗血症状。如果不管，甚至会烂穿骨板，穿透体腔。

病因：通常水龟比较多，由于水质恶化，龟龟甲壳一旦受伤，就极易受细菌和真菌的侵袭并引起溃烂。通常分为败血性溃烂和真菌性溃烂。败血性溃烂由细菌引起，真菌性溃烂则由真菌引起。

治疗：首先用双氧水彻底清除溃烂物，避免伤到新鲜组织，然后用碘酒消毒新鲜表面，涂抹上抗生素软膏消炎，若比较严重，则需要注射抗生素，每次上药后干放三小时，保证药物的吸收渗透。

（4）甲壳外伤

病症：外部作用力导致甲壳破损，开裂，甚至流血，甲壳骨裂。因为龟龟奇痛，某些龟会脾气暴躁。闭壳龟则会闭壳紧缩。

（图：轮椅龟）

病因：多为越狱龟龟，楼层越高，摔落地越硬，则外伤越严重。狗猫等宠物的啃咬也会引起甲壳破损开裂。

治疗：轻微的龟甲裂纹可以在伤口处涂抹抗生素软药膏后，用胶带封上，固定裂缝，让其自然愈合。上药前，伤口勿沾水，做好防水后，可以浅水饲养。如果摔裂，啃咬的比较严重，愈合时间比较长，就要用医用环氧树脂，或者玻璃纤维树脂修补破损甲壳。也可用钢钉把壳固定，拉紧破损甲缝。如果内脏有破损，吐血，则可以灌服云南白药粉进行止血，也可以灌服三七粉。

（5）真菌感染

病症：水龟常见病之一，外观看，很容易和水碱混淆，都是龟背甲出现灰白色粉状物。真菌感染，就像水墨慢慢晕染，最终遍布整个甲壳。真菌感染传染性极强，如果不及时发现，又喜欢混养，那一池龟都有可能全部感染上真菌。严重的真菌感染足可以损害龟龟的健康，甚至致命。

病因：由于水龟的水质污染，加上龟背甲受伤，真菌乘虚而入，在潮湿的环境中，真菌开始蔓延。

治疗：先要确定是否为真菌感染，可以用醋酸擦拭患处，如果是水碱，会被酸溶解。如果未见成效，则为真菌。治疗真菌是一个漫长的过程，首先，对于真菌感染的龟，必须马上隔离，以防传染。可以用百多邦涂抹患处，也可以用盐酸特比萘芬软膏代替。实行干养法，涂抹的频率为一天一次，干养的水龟必须每天饮水来保证体内水分。直到龟壳表层脱落。对龟龟原先的环境进行充分消毒，可以涂抹这些药膏，也可以暴晒，保持干燥几天。真菌易复发，治愈好的龟龟，可以提供晒台，让龟龟自己进行日光浴消毒，抹杀一切真菌感染的萌芽。

（6）创伤

病症：属于外伤，多见于龟龟皮肤、黏膜的破损。根据创伤的轻重、新旧、感染程度，又可以分为新伤、老伤和化脓伤。

病因：通常是环境中的利器所致，金属锋利物居多，比如钢丝、金属片，也有可能是鱼缸的玻璃没打磨，有锋利的边缘。在龟龟交配期，公龟的暴力也会伤及母龟，特别是脖子部位。也不排除蛇虫鼠蚁的侵害，导致创伤的发生。如果不及时发现治疗，则会化脓感染。

治疗：

★新伤，如果出血了，则要用云南白药止血，待血止后。清除伤口污垢，用双氧水冲刷后，用碘伏消毒，涂上抗生素软膏，防止感染。如果伤口面比较大，则要采取缝合伤口的包扎方法。如伤口比较大，则要干养几天，水龟要保持定期泡水以及皮肤的湿润。保证温度26℃，并及早让龟开食，及早恢复体能。

★老伤，可以先去除坏死组织，用双氧水清除伤口表面，露出新皮肤组织，促进其生长康复，如果伤口创面比较大，可以进行肌肉注射抗生素，其他操作和新伤操作一样。

★化脓伤，首先解决化脓的问题，清除坏死组织促进生长和控制感染，首先先扩大创口，以便彻底清除浓汁，等露出新鲜创面后，就可以按照新伤的处理方法进行治疗了。

（7）感冒肺炎

病症：多发生于春秋季节，发病初期，能主动进食，半水龟、陆龟明显鼻孔潮湿，有黏液流出，甚至打喷嚏。呼吸时候还会有泡泡，口腔内部黏液很多，有的甚至流到口腔外，呈白沫黏液状。水栖龟频繁上岸，浮水，甚至身体倾斜，不断张嘴呼吸，伴有鼻孔堵塞，腐皮症状等。而半水龟、陆龟，则会把头部高高抬起，伸长脖子大口呼吸。就像卡了异物，呼吸困难，并且都会有嗜睡的现象。从初期的感冒症状，到肠炎、肺炎，最后还伴有全身腐皮。死亡率很高，特别是对于龟苗。

病因：因为温度剧变，或者水温冷热交替温差过大，也会有龟类相互传染，以及人类的传染途径。和人感冒类似，都是不注意气温、水温等变化造成的。发病有个过渡期，治疗期稍长，如果不注意坚持治疗，还会反复发病。

治疗：药浴阿莫西林，或者阿莫仙儿童冲剂，也可以用小柴胡冲剂。剂量是成人的四分之一量，儿童剂量的一半。如果是半水、陆龟，可以提高环境温度，初期不用药也能自愈，也可以用土霉素混入食物中。多进行药浴补充水分，提高水温至30℃。用药不宜重叠，以一种抗生素为主。

（8）口腔溃疡

病症：和我们一样，掰开龟口腔，发现舌头发白，口腔壁、下颚以及咽喉部位有白色溃烂和坏死表皮，揭开坏死表皮，表皮有出血点，严重者凹陷并有脓性分泌物。病龟表现为缩头，不合群，甚至不动，乃至拒食。

病因：龟龟误食尖锐异物，造成口腔划伤，或者缺乏维生素C，以及过度劳累，在恶劣环境中配上不良的营养摄取，都可能引起口腔表皮的破损、溃疡和细菌感染。主要是由霉菌性引起，其中病原主要是白色念珠菌为主的真菌。

治疗：可以先清洗，再上药，通过抗生素药物洗涤口腔去除感染，抑制细菌菌群的正常生长和繁殖，并提高水温至28℃。可以用20%庆大霉素针剂，稀释冲洗，也可以用4%的碳酸氢钠洗涤口腔，10%过氧化氢或者雷佛奴尔溶液洗涤口腔，如果图省事，可以直接用西瓜霜喷洒口腔。结合涂抹患处，可以用2%的龙胆紫、活美蓝，也可以用10%的制霉菌素甘油。如果龟龟肯进食，可以在食物里拌入抗生素药物，连续喂三天，比如庆大霉素、羧苄青霉素等。

（9）肠炎

病症：发病龟表现为不同程度的无精打采，行动迟缓，进食缓慢或者直接拒食。排泄成白色，灰色透明等拉稀状，排泄腔孔松弛，充血肿胀。

病因：由于进食不洁的食物或者饮用了污染的水质而使肠胃感染。绝大部分龟是因为冷热温差导致抵抗力下降，肠道消化发炎感染，多见于春秋季节。

治疗：提升温度至28℃，轻者可以自愈。如果未见好转，则需要土霉素、黄连素、氧氟沙星胶囊等药浴，并停食三天。也可以注射丁胺卡那霉素，并隔离饲养。

（10）鳃腺炎

病症：多发生于幼龟，幼龟饲养环境密集，有传染性，而且传播速度很快。表现为行动迟缓，常在水中或陆地上，要么伸长脖子，要么抬高头部，四肢、颈部肿胀异常。特别是前后肢窝，皮囊鼓起，皮下有气，严重者四肢均异常肿胀，甚至口鼻流血。

病因：主要是水质污染，密度太大引起的。

治疗：如果病症比较轻，可以用传统的土霉素进行药浴，每10kg水放三片土霉素，药浴时间为半小时为宜，如果龟尚且进食，可以在食物里添加0.05%的盐酸吗啉胍片，连喂三天，停一天，再连喂两天。如果严重可以肌肉注射硫酸链霉素，每千克20万国际单位，在治疗期间，注意水的清洁，勤换勤观察。

（11）阴茎脱出

病症：主要是水龟，雄性龟发病，主要特征表现为阴茎外露后，不能及时缩回体内，三小时后如果仍然未缩回，那就有可能被误咬，充血或者血肿，或表面发白组织坏死，除了易被其他个体误咬，或者硬物锐器所擦伤，阴茎露出的时间越长，风险越高，治愈的可能性越小。

病因：自然生态中，雄性龟龟都会发生，陆龟的可能性稍小，水栖龟发病较高，由于雄龟体内的雄性激素过高，有的受加温、激素刺激，也有的是外界刺激产生强烈的反应而发病。

治疗：一旦发现，首先是隔离，用光滑容器单独饲养，用碘酒消毒，也可以用呋喃西林药液温水浸泡五分钟后，涂抹百多邦软膏，也可以用红霉素软膏。借助外力将消毒好的阴茎送回排泄腔体内。对发病时间长的龟，坏死比较多的情况下，可以采取手术切除阴茎方法。因为涉及麻醉，可以去就近的宠物医院，沿用猫狗阴茎脱出的切除医疗方案。如果是由于加温导致，脱出时间长但未坏死，可以清理肠胃，停止加温，有一部分雄性龟会自己调整好，自行缩回腔体。

（12）脱肛

病症：病龟初期，会表现为烦躁不安，喜欢用后肢，不断擦蹭尾部，发病前无任何征兆，大多都是在排泄粪便后发病。多数表现为，直肠末端从肛门处向外翻转，脱出，并不能自行缩回排泄腔，漏出来的直肠呈鲜红色香肠状突起物，长时间暴露在体外，还有表皮发白，泡于污染的水中，组织坏死会更快。

病因：龟长时间腹泻，引起直肠松弛，或者吃了异物，肠道堵塞，过度用力，强行排泄。陆龟类，因为长期投喂水分含量大的瓜果蔬菜，食物过于精细，也会腹泻，或者有些是个体营养不全，抵抗力不够，或者雌龟产蛋后，体弱虚脱。以上多种情况都会引发脱肛。

治疗：对于刚刚脱肛，外翻还是鲜红色的龟龟，可以用0.1%高锰酸钾溶液浸泡消毒，或者1%的明矾水浸泡，切记，不能碰到鼻腔、口腔以及眼睛，否则会杀伤黏膜，有一定刺激作用。随后涂抹抗生素软膏，用手把外翻的直肠送回排泄腔体内，同样用光滑的容器饲养，为了避免二次复发，或者其他龟龟误咬，一定要隔离单独干养，容器要光滑，防止摩擦二次伤害，加温的话也必须同时加热空气，并且注意定期补水，防止脱水。然后在接下来的几天，每天向排泄腔内注入一定量的抗生素软膏。如果脱肛部分已经发白变硬，坏死组织增加，就要考虑切除部分直肠了，需要去宠物医院做切除缝合手术。

（13）吞钩龟

病症：东南亚引入的大多野生龟，都不同程度的有吞钩现象，不管咽喉部有钩，还是食道肠胃里有钩，外表通常没有异样症状；行动上通常表现为，少动、拒食，偶有缩头，有的龟张嘴的时候能看到残留的钩子上的线头。

病因：捕龟者用钢质或铁质鱼钩捕龟，等上钩后，再弄断绳子，而把鱼钩留在了龟体里。根据吞钩的深浅，绳头有的口腔可见，有的深入体内。随着时间推移，钩子会生锈，也会勾伤龟龟内脏，造成不同程度的内伤。

治疗：首先确定钩子位置，如果位置很浅则可以用弯头镊子探入取出。如果看不到，则需要进一步去宠物医院拍摄X光片来确定判断钩子的确切位置，如确定钩子真实存在，并且位置很深的话，可以去宠物医院进行麻醉手术取钩，否则危险性比较大。

（14）软骨病

病症：学名佝偻病，主要以生长迅速的幼龟为常见，温室饲养居多，也叫营养性骨骼症。幼龟表现为壳软，底板鼓起，轻压可变形。种龟则表现为，甲壳增生，隆甲并呈现畸形症状。如若不管，病龟会运动不协调，四肢粗大，背甲腹甲畸形厉害且软，甚至爪子脱落。

病因：由于长期投喂单一饲料，无太阳紫外线日照，甚至投喂熟食等原因造成营养不全面。缺少维生素D3，无法吸收钙，导致缺钙骨质软化且钙磷比例倒置。

治疗：改善食物，增加食物的多样性。可以在食物中添加钙粉、虾壳粉、贝壳粉、墨鱼骨粉、葡萄糖酸钙、维生素D3以及复合维生素。尽可能多地接受太阳紫外线的照射。也可以选用人工UVB太阳灯等代替太阳紫外线。这是一个长期的恢复治疗过程。

（15）体内寄生虫

病症：感染寄生虫的病龟，初期体表无特别明显异常症状，一切照旧，吃喝拉撒都很正常，甚至胃口还不错，但是当环境恶劣，有现场应激时，寄生虫就会乘虚爆发。龟龟就会出现一系列的症状，比如体重减轻、嗜睡、拒食、脱水和腹泻，有些寄生虫并无引发表面症状，看似正常，直至暴毙。解剖后才能发现其内脏被寄生虫堵塞。

病因：病从口入，体内寄生虫都是病龟进食时，误将各种寄生虫的卵、虫体带入体内，寄生于龟的肠、胃、肺、肝等部位。目前查实的寄生虫有盾腹吸虫、蛔虫、蛲虫、直刺颚口线虫、血簇虫、铁线虫、隐孢球虫、吊钟虫、锥虫和棘头虫。寄生虫一年四季均可感染，其中高发期是夏季。从水龟到半水再到陆龟都有感染寄生虫的可能。捕获的野生龟最易感染寄生虫，特别是粗暴运输和旅途的劳累以及水土不服，都特别容易让寄生虫爆发。另外给龟龟喂食一些野生动物作为食物，特别是两栖类、螺类，风险极大。

治疗：对于刚引入的野生龟应单独饲养，并且投喂抗寄生虫药，如肠虫清、左咪唑、驱蛔灵、甲硝哒唑等。

线虫可以服用甲苯咪唑，每千克龟服用20 ~ 25mg；噻笨达唑，每千克龟服用50 ~ 100mg。

棘头虫可以注射磷酸左咪唑，每千克龟腹腔注射8mg；盐酸左咪唑，每千克龟腹腔注射5mg。

阿米巴原虫可以服用甲硝哒唑，每千克龟服用100 ~ 250mg。

蛔虫线虫的广谱药为芬苯哒唑，每千克龟服用25 ~ 100mg；阿苯哒唑针对蛔虫，每千克龟50mg。

絛虫和吸虫可服用吡喹酮，每千克龟服用8ml，半个月重复一次。

蛲虫、圆线虫、线虫可以服用噻嘧啶，每千克龟服用5mg。

内阿米巴和六鞭毛虫服用灭滴灵，每千克龟服用25 ~ 100mg。

最后说一下，是药三分毒，在没有把握的时候，切记剂量减半，宁少勿多。

（16）体外寄生虫

病症：受感染的龟龟，在龟体表面仅靠肉眼就能分辨出寄生虫体，通常位置比较隐蔽，常寄生在龟龟的四肢腋胯下、颈部柔软表皮以及在鳞片的缝隙中，感染的龟龟通常消瘦、脱水，部分已经拒食。

病因：水栖龟类、半水栖龟类以及陆栖龟类因为野外原产地环境分布的寄生虫而受到感染。常见有蜱虫、螨虫和跳蚤等体表寄生虫，可以直接造成龟龟失血或间接传播疾病。野生个体的感染率要高过人工饲养环境，完全人工个体饲养，一般发病率较小。

治疗：肉眼可见的寄生虫，特别是蜱虫类，可以手动摘除，首先用风油精一类的刺激物，刺激蜱虫拔出口器，然后镊子摘除，如果强行摘除，很有可能把蜱虫的头部留在龟龟体表内，导致发炎感染。对于刚入手的新龟，必须仔细做全身检查，尤其是四肢根部、颈部、尾巴根部，也可以用敌百虫溶液浸泡洗浴，稀释比例为1%。倍特浸泡可以有效杀死扇头蜱，稀释为2.5mg/L。医用酒精纯度75%，涂抹患处，也能取得很好的效果。

（17）纤维肿瘤

病症：纤维肿瘤又被称为肿瘤，肿瘤外形为硬结状，以圆形和椭圆形为主，大小不等，通常出现在四肢、颈部及尾部，体表表皮内居多。一般不影响行动机能。少数发生在体内的肿瘤，会影响器官等其他病症。

病因：主要由病毒引起，多以成年龟患病为常见，虽然危害不大，但是操作不当，极易恶化、感染。属于良性的纤维结缔组织产生的局限性肿瘤。

治疗：肿瘤越早切除越好，切除应干净彻底。如果放着不管，就怕瘤体恶变，从纤维肿瘤恶化成为纤维肉瘤，转移到内部器官。切除时，要确保龟状态良好，没有腐皮、烂甲等症状。如果有，必须先治疗好，才能进行手术。手术前先确定肿瘤大小、位置以及深浅。为下刀做好准备工作。先表皮消毒，切口尽量小，尽可能对龟龟伤害小，也容易恢复，切开后如若肿瘤只是在表皮下，可以通过剪刀分块取出，要细心，尽量取干净；倘若肿瘤在肌肉内，则要切开肌肉纤维，取出肿瘤后，敷上抗生素并进行缝合，然后再次消毒，消毒药水以碘酒、酒精为主。术后需要抗生素注射，比如青霉素，连续肌肉注射三天。

（18）脐炎

病症：发生在刚刚出壳，腹部肚脐未完全收缩好的稚龟身上。表现为脐眼周围红肿或者卵黄囊破损擦伤并感染。严重者脐部溃烂，有生命危险。

病因：出壳后卵黄囊未及时吸收，或者环境等外力的损伤，也有可能是稚龟的水质污染导致。

治疗：首先需要放入光滑容器中，稀释为每升5mg的高锰酸钾溶液浸泡2个小时，进行预防。如若感染，则需要碘酒涂抹消毒，金霉素眼膏涂抹，浅水饲养。也可以水中放入呋喃西林，防止进一步恶化感染。

（19）结石

病症：一般陆龟比较常见，特别是苏卡达、印度星龟等品种，初期表现为不排便，生长纹停止，虽然仍能进食，但是几天后，会越吃越少，直至拒食，能喝水，泡澡的时候龟会缩头，四肢伸直，整个身体用力伸，就像要排出便便一样，但并没有便便排出，或许会有少量白色尿酸液。龟越大，坚持的时间越长，但是不予治疗，最终会有死亡危险。

病因：因为饮水得不到及时补充，尿液反复循环吸收，导致尿酸钙沉积。也有可能草酸含量过高的食物摄取过多，蛋白质和矿物质摄取过量，钙磷比例失调而引起。可以通过X光拍片证实结石的大小、位置。

治疗：首先观察X光片的结石大小，位置深浅。比较小的结石，可以通过挤入开塞露等润滑治疗便秘的方法，并将龟倒置停顿5min左右，然后观察龟龟，可以边

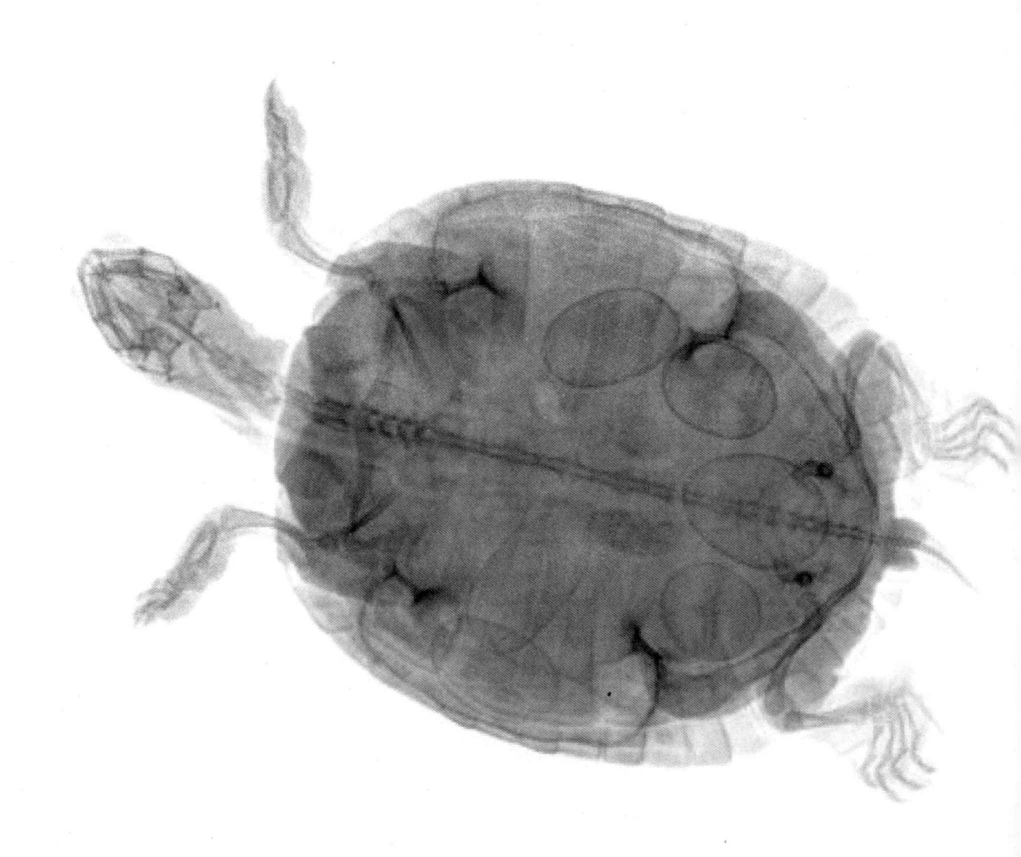

（图：龟X光）

泡澡，边观察，效果不错。如果拍片中结石比较大，试过开塞露后难以排出，可以把龟竖起在水盆里，尾部浸入水中，并用金属棒、止血钳等缓缓伸入肛门内，夹碎，并一一取出。

（20）中耳炎

病症：中耳炎通常可以发生在任何一个部位，也叫脓疮，但是以骨膜部位最为常见，水龟陆龟都会发病，但是半水龟的发病概率最高。病龟初期只是局部发红、肿胀，吃睡正常，有些等你还没发现，就已自行康愈了。一旦拖延到了后期，则会出现脓肿，表皮皮肤被肿胀撑破，变薄。破裂后的皮肤流出乳黄色脓汁。如若挤压观察，会发现皮下有豆腐渣的腐烂物。

病因：水质污染，环境有毒物质增多，细菌大量爆发，脓疮由细菌感染引起。

治疗：初期只是略微红肿，吃喝正常，建议保守治疗，可以在食物里添加头孢类药物。如若得不到好转，持续恶化，可以等龟状态良好后，开始手术。先固定好龟，以“十”字形切开表皮，彻底清除脓汁以及豆腐渣腐烂物。等坏死组织清除的差不多了，可以用稀释后的双氧水擦洗。再用碘酒消毒，伤口内抹上一定量的消炎粉和眼药膏的混合物。对于水龟，水位降低到腹甲处，让伤口敞开在空气中，防止碰到水，保证温度在25℃以上。伤口不需要缝合，每天检查伤口，涂抹消炎粉，直到康复痊愈。治疗期间要检查环境问题，改变环境的不利因素，防止伤口痊愈后，第二次复发。

（21）喙增生

病症：表现为喙过长，且影响取食，有的影响喙闭合。

病因：属于营养缺失，特别是缺乏维生素A。

治疗：可以用狗指甲剪、电动齿锉或者小型电磨器，实在没有设备，指甲剪也是可以的。剪完消毒，并在日常饮食中，添加适当的维生素A。

（22）水肿病

病症：常出现在久病未治时，全身浮肿，也被称为浮肿病。四肢、头部均不能缩入壳内，且龟龟体弱无力，呼吸微弱，行动缓慢，体虚呆滞。无季节性，无具体特定性。一旦发病，成活率小。

病因：全身性炎症，龟体内的组织间隙中，出现过量的积液，引起水肿现象，表明此龟心力衰竭，肾功能受损，或者出现肾综合征，慢性肾炎，不但是因为营养不良，缺少维生素B，也有可能是重度贫血或者患溶血病。

治疗：目前该病难治疗，需要成熟的医疗条件，因此，防胜于治。可以杜绝诱发病因，比如适当在食物里添加维生素B1，不给变质腐烂的食物，不给食物中添加食盐，也不喂含有低钠的饲料。可以在食物中添加双氢克尿塞等利尿剂，重病龟也可以注射速尿。

（23）误食

病症：多以陆龟为主，误食后的陆龟，会出现停食、嗜睡、精神萎靡的状态，如果异物堵塞，或者对器官造成损伤，则会很危险。

病因：误食的物品通常是以红色、白色等龟比较敏感的颜色为主，主要是塑料袋，特别是海龟会当塑料袋为水母，因为不会撕咬，常导致肠道堵塞而死亡。陆龟会撕咬，也会误食塑料袋。泡沫材料也是陆龟误食之一。水龟容易误食钩子。如果顺利这些也都能排出。

治疗：首先可以增加泡澡次数，促进肠胃蠕动，增加排便次数，可少量喂硫酸镁，也可以用开塞露。如若依然不能排出，则需要手术。可以参考取钩子和取结石手术方案。

（24）麦粒肿

病症：也叫偷针眼，通常长在下眼睑边缘，眼角部位，一个像麦粒一样的红肿物，眼结膜呈现局限性红肿，触摸成硬结状，肿胀成熟后，会出现黄白色脓头。

病因：化脓性炎症，属于细菌感染，环境不卫生导致。

治疗：初期可以用抗生素眼药水，或者眼药膏，比如氧佛沙星眼药水。脓肿严重时，则需要切开脓包，排脓。这里要注意的是，脓肿尚未成熟之前，切不可过早用力挤压，或者切开排脓，否则会感染扩散，引起败血症等其他症状。

（25）冬眠不适

病症：冬眠期间，发现龟的鼻孔发白堵住了，有白色腐皮，下颌以及脖颈处有表皮溃烂发红，甚至多处出现腐皮现象。触摸四肢，反应也相应变麻木。

病因：由于冬眠环境温度过低，长期忍受低于5℃的水温环境，而通常理想冬眠温度是10 ~ 15℃。

治疗：应该马上结束冬眠，进入加温阶段，水龟可以用加热棒加温。第一天先加热到20℃，隔天升温，直到温度到达26℃，并在水中放入土霉素片若干，或者少量呋喃唑酮，隔天换掉一部分新水。通常加温的龟，肠胃蠕动要三天后，才能正式进入工作状态，所以第四天可以投喂鱼肉、虾等。只要开食，就有了自我修复痊愈的能力。坚持泡药，进食，只要一周时间就能康复。

第五章
龟类图鉴

一、水龟

1 巴西龟

巴西龟,学名密西西比红耳龟，别名无数，比如红耳、麻将龟、七彩龟、红耳滑板龟、红耳侧线龟、强生龟、可爱锦绣龟、可爱龟、翡翠龟。除了覆盖了所有城市的花鸟市场外，甚至在公园湖泊、广场喷泉水池里也能见到它的身影。因为巴西龟有一双明亮的大眼睛，超强的嗅觉和身经百战的体魄，一度进入外来入侵物种的黑名单，作为经济农产品和可爱宠物的入门品种，巴西龟依靠其庞大的数量，担任着龟友成长阶段的第一启蒙老师，养龟的自信，养龟的知识积累，养龟失误的悲痛教训，无一离不开巴西龟做出的牺牲和贡献。

忍者神龟虽然是黄耳侧颈龟，但是不难看出，就是巴西龟，小时候翠绿翠绿。就连变成人形的忍者神龟，也是绿色身体，红色眼罩头巾。绿色、红色是巴西龟的最显著特征。特别是眼睛后两条醒目的红耳，衬托红耳的是黄绿条纹。条纹清晰、流畅，粗细相得益彰。

腹甲也是黄色底，配上一圈一圈如眼睛的花纹，这个花纹，每个巴西龟都各不相同。

龟的眼睛很典型，其角膜凸圆，晶状体更圆，且睫状肌发达，可以调节晶状体的弧度来调整视距，因为龟的视野一般很广，但是清晰度差，所以，龟对运动的物体较为灵敏，而对静物却反应迟钝，据英国动物学家实验，大多数龟能够像人类一样分辨颜色，尤其对红色和白色反应较为灵敏。

成体巴西龟是高度水栖龟，能用口腔和屁股附近的皮肤进行水气交换，保证深水里也能够睡觉，潜水自然也是高手。

巴西龟一般群居，排排坐晒日光浴，整齐而呆萌，它这样晒壳，除了壳会像太阳能板一样吸热能供其消化和体能充电外，还可以有效杀死壳上的细菌和真菌、青苔，保持龟身体的清洁干净。晒壳可以吸收到太阳光中的UVB短波紫外线，增强骨骼、背甲的钙质吸收，不断长大变强，最终母龟体型可以达到30cm以上，公龟25cm左右。

当雌龟1000g、雄龟250g时即可交配，公母龟外形几乎一样，除了尾巴，公龟长于母龟外，最典型特征是公龟的前爪特别长，就像电影金刚狼的利爪一样。

2　黄耳龟

黄耳龟的学名是黄腹滑龟,也叫巴西黄耳龟,从名字也能看出来，它是巴西龟的兄弟，隶属滑龟属16个亚种之一。但是和巴西龟相比，黄耳龟生长速度和极限体型均大于红耳龟，而且成体背高体厚、背甲流畅圆滑，色彩黄黑相间，古朴凝重，集灵气与霸气于一身，甚有观赏价值。

（1）如何识别纯种黄耳龟

黄耳龟目前也是花鸟市场的常见品种，价格低廉，因为各种原因的忽视，导致了对黄耳龟的纯度重视性不够高，繁殖出了不同程度的杂种龟，给喜欢收藏纯种龟的龟友造成了很大的困扰。但是在收集变异巴西龟的人眼中，却成为了不可多得的新宠。这里教大家识别黄耳的纯杂。

① 黄耳龟的黄耳是有自己特色的，纯种黄腹滑龟耳斑与颊斑不连接，耳斑呈宽大的月牙状，紧贴下眼睑位置，颊斑同样宽大，额斑在两眼之间，成T字形，同样比较粗。头顶额斑、耳斑和颊斑颜色相同，都是明亮的黄色，腹甲除两个喉盾各有一黑斑外没有任何杂色。有的巴西龟也是腹甲全黄，这些都可以认为是杂交基因导致。另外，受巴西龟的基因影响，杂交的黄耳龟，也会出现整体颜色更加碧绿，甚至耳斑和颊斑相连、融合，颊斑变窄。耳斑带呈现红色或者橙色，这个颜色甚至延伸到颊斑。此类腹甲多为对称或不对称，多个黑点。

② 黄耳龟是为数不多的几种成体雄性没有长指甲的滑龟之一，如果你的公黄耳有着长长的指甲，那么它的家长肯定是巴西龟。

④ 黄耳龟幼苗时期的肤色可以是橄榄绿至深绿色，并不像巴西龟那样翠绿，与巴西龟成年后全身翠绿相比，成熟后的黄耳龟肤色应该是黑色的，黄耳龟在发育成熟过程中黑化现象非常严重，耳斑往往在幼年时就黑化消失了，其他花纹也会随着成长逐渐变黑消失，老年的雄性黄腹滑龟除了颊斑外几乎全身都是黑色的，所以，你的黄耳如果已成年，还保留着耳斑，肤色还是绿色的并且有美丽花纹，那么，这也是它的家长巴西龟赐给它的。

③ 黄耳龟成年后雌雄体型差异不大，公黄耳也可以长到很大，如果你的黄耳在成长过程中出现了明显的雌雄体型差异，公龟生长速度开始停滞，其实是进入缓慢生长的成年期，那么，它们就遗传了巴西龟的这种公小母大得特殊比例体型。

⑥ 黄耳龟在野外表兄弟很多，如果和其他亚种有分布重叠的水域，在气候宜人的繁殖期，黄耳龟和红耳龟、巴西龟在野外也有自发杂交现象。所以不要认为只要是原装进口的龟苗肯定是纯种的，甚至，美国原产地的一些繁养池内杂交现象也非常严重。

⑤ 黄耳龟因为黄的艳丽而深受喜欢，那么黄耳龟的眼仁虹膜颜色自然也是纯净高亮的亮黄色，与黑色的瞳孔相比，眼睛看起来特别有神明亮。而不纯的黄耳龟就没那么鲜黄亮丽了，多少都会杂有绿色或者蓝色的巴西龟的遗传影响。

（2）黄耳龟的繁殖

黄耳龟是重要的水产经济特种养殖品种，成年黄耳龟会在三月至六月交尾，六月和七月营巢产卵。产卵1 ~ 3窝，每窝4 ~ 23枚，卵椭圆形，长37mm，产在2.5 ~ 10.2 cm深、口小底大的巢穴内，巢穴的位置在离开水有一段距离、有落叶、隐蔽性高的树荫下。稚龟经60 ~ 90天的孵化出壳，但常会在巢内越冬。雄性2 ~ 5年性成熟，雌性要5 ~ 7年性成熟。

（3）黄耳龟的饲养

滑龟属都有个共同的爱好，就是晒背，在一生中，会脱壳无数次，因为如此着迷晒背，所以时常可以看到在一根合适的圆木上，它们一个一个地叠在一起，场面壮观，晒背除了可以杀菌驱虫，还能增加热量、提供吸收钙质的维生素D3。幼龟采食水生昆虫、甲壳类、软体类动物，以及鱼虾类和蝌蚪，等到成年以后就转向植食了。人工环境下，几乎接受一切水龟能接受的食物，而且因为特能吃，与人的互动会特别显得很有灵性。

3 草龟

不是所有的乌龟都叫龟，从动物分类学上，乌龟特指中华草龟，幼体生长纹呈浅黄色，犹如包了金线、银线，故而很多人叫它金钱龟。

草龟一词，诠释了两点：①本地龟，土生土长的龟，并且分布最广，数量最多的。②亲民，特别是憨态可掬，会跟人走，会要吃的，会交流眼色，无聊的时候打打哈欠，晒晒日光浴。自从巴西龟的外来入侵的名声普及，草龟便是目前各大公园放生和遇见最多的本地龟了。草龟给人感觉很质朴，但是却非常有质感，长椭圆形的背甲，具有三条明显脊棱，有大富大贵、万寿无疆的象征。年复一年的细密年轮，更为它增加了几分底蕴，头比较大，有着厚重笨拙的大脑袋，头顶呈青绿色、橄榄色、墨绿色，光滑平整，一直到脖子根部，分布着细鳞。头、颈侧面有黄色或柠檬绿线状斑纹，朴素而神秘，与背甲的金线相得益彰。背甲缘盾无缺刻。而四肢尾部的皮肤鳞片部分多为灰黑色、橄榄绿或者墨绿色，腹甲较为平坦，后端具有缺刻，为放射黑色或者大片黑色。幼体是圆形斑块。爪子数量为前五后四，并且鳞片覆盖少，趾间具有全蹼。吞咽食物需要以水作为媒介。更偏好湿地沼泽陆栖环境。

草龟的另一个典型特征是：草龟成熟后，母草龟会继续长大，要么田黄色，要么棕色，要么深黄色，花纹眼色都保持不变。但是公龟三岁后就截然相反了，不但不长个，还会墨化，先眼白变黑，逐渐全身变成墨黑，犹如一块黑炭。俗话说，墨龟必是公草龟，而公草龟未必是墨龟。另一个奇怪的现象就是，墨龟生长非常缓慢，成熟后的体型，一般只有母草龟的三分之一大小，公草龟虽然体型小，但是尾巴很粗，很长，发情后有臭味，也许这是它们标注领地、权势的象征，而长辈常说的臭乌龟，就是指的公草龟。

（1）草龟的饲养

草龟的饲养，就像它的名字一样，粗养粗放。很多刚接触草龟的人，都以草龟的腐皮、烂甲而懊恼不已。众所周知，草龟全身都是宝，其经济价值更是潜力巨大，养殖场每年数以万计的繁殖，价格也逐渐接近猪肉的价格。就算偶尔一部分是个人繁殖的龟苗，也会因为在商家那长期滞留，密集饲养而导致亚健康。一般花鸟市场的草龟，都不给水，龟多尿多，很容易会全军覆灭都染上腐皮。如果您想养一只草龟作为入门，最科学的选择，还是当地玩家出售的小苗，比较容易找到养龟历程的成就感。而这种健康渠道获得的幼体，是非常好养、非常省心的。甚至越大越省心，几乎所有龟爱吃的动物性食物，它都能接受，幼体时候，可以选择黄粉虫、各种昆虫蚯蚓、冰冻血虫、一些蚌类、螺类、鱼肉沫、虾肉，甚至各种猪羊牛生精肉内脏都可以。而热带鱼、龟类饲料，甚至狗粮猫粮都能很好接受。只要注意及时换水，草龟的食量是非常惊人的。当然排泄量也很大。

（2）繁殖

一般正常冬眠饲养，超过五年，就有生蛋的迹象了，草龟在龟类的孵化繁殖里面，是属于非常简单的。甚至以黄沙作为孵化池，常温作为孵化温度，都能收获小生命。一般来说，光荣妈妈一年可以产下30个蛋。

4 墨龟

墨龟，就像掉入墨汁缸里，黑漆漆、乌溜溜的。“乌龟”这个名词，很早以前就从民间诞生了，又过了很多年，乌龟特指为中华草龟，而墨龟特指的是因为公草龟长大成熟之后，随着年龄的增长，而慢慢变黑的龟。因为黑的彻底，就像文人墨客的泼墨画般乌黑素雅，眼睛漆黑，全身乌黑，又通灵性，故而成为养龟爱好者的追求。

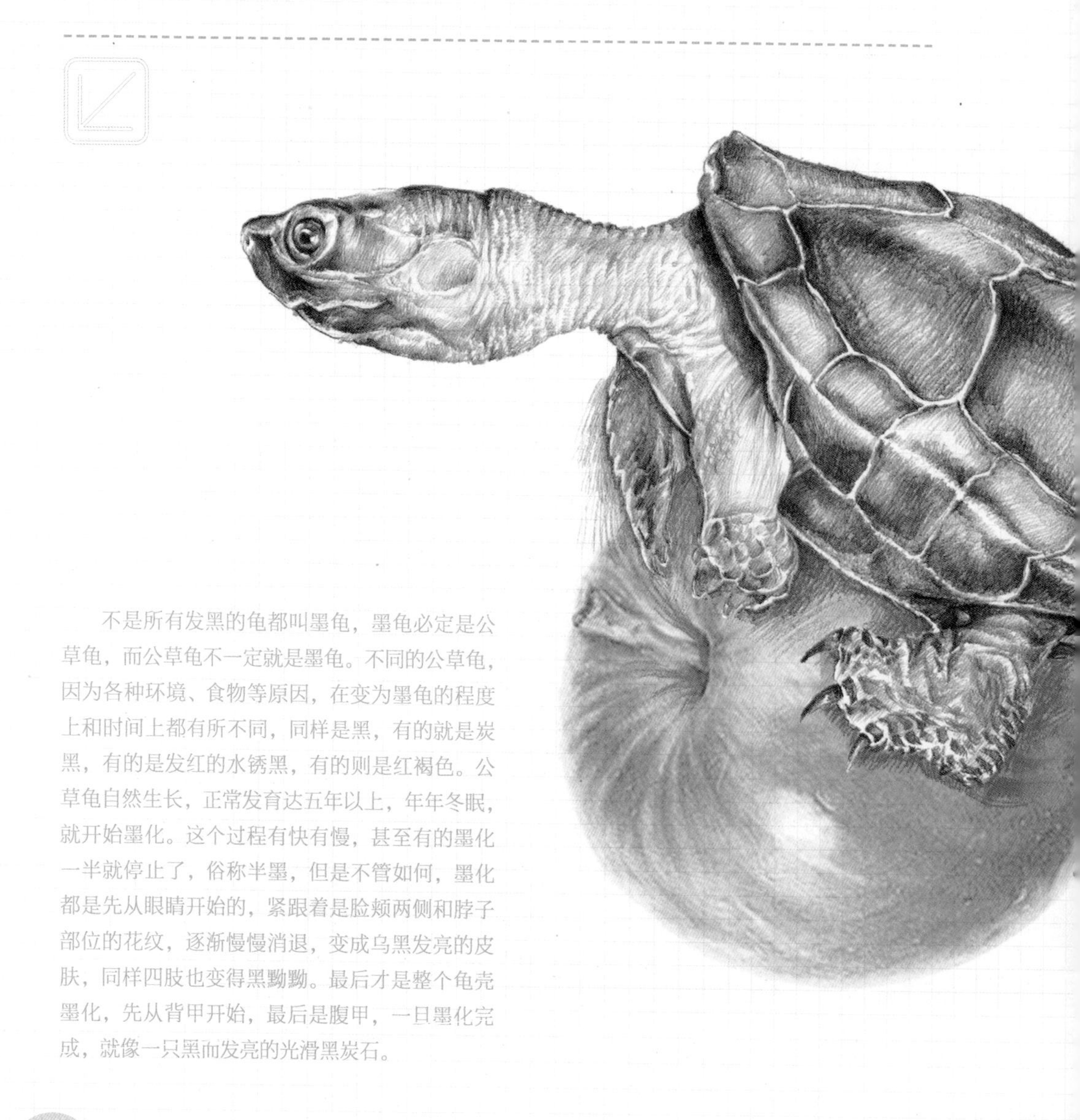

不是所有发黑的龟都叫墨龟，墨龟必定是公草龟，而公草龟不一定就是墨龟。不同的公草龟，因为各种环境、食物等原因，在变为墨龟的程度上和时间上都有所不同，同样是黑，有的就是炭黑，有的是发红的水锈黑，有的则是红褐色。公草龟自然生长，正常发育达五年以上，年年冬眠，就开始墨化。这个过程有快有慢，甚至有的墨化一半就停止了，俗称半墨，但是不管如何，墨化都是先从眼睛开始的，紧跟着是脸颊两侧和脖子部位的花纹，逐渐慢慢消退，变成乌黑发亮的皮肤，同样四肢也变得黑黝黝。最后才是整个龟壳墨化，先从背甲开始，最后是腹甲，一旦墨化完成，就像一只黑而发亮的光滑黑炭石。

墨龟在完成墨化的时候，需要非常长的生长周期，而在这个漫长的周期内，生长速度非常缓慢，与母草的体型相比，显得那么娇小，成体的墨龟一般不会超过15cm，体重不会超过0.5kg，一般来说，墨化过程要十年之久。

（1）饲养

墨龟其实就是草龟，所以，对食物的接受度很高，尤其是鱼虾、蚯蚓、泥鳅等，各种哺乳类精肉以及家禽肉类，甚至是鱼饲料、狗粮都可以。墨龟属于中国分布最广的本地龟种，所以，有冬眠习性，只要保持5℃以上，均能安全过冬，通常10月份排便清肠，11月中旬开始浅冬眠，直至来年清明节后，出眠。春秋两季是温度最飘忽不定的，所以刚出眠时不要急着喂食，对于一个冬天不吃不喝的墨龟来说，首要做的是适应环境，这时候切记给龟暴晒。观察几天，待墨龟彻底清醒，真正结束冬眠了，环境温度稳定了，再进行第一餐。

（2）墨龟的选择

墨龟是大自然一种神奇的现象，所以，基本上不存在小墨龟苗和小公草墨化的选择性，这不仅仅是因为年龄发育的墨化规律问题，更是地域、个体差异，以及基因遗传的因素。所以，如果想要收藏墨龟，就不要购入太小、太幼嫩的草龟苗，不管有多黑。如果要选，可以选眼睛已经墨化，脖子花纹消退的亚成体，大概五年以上的进入墨化的公草，更为精准和放心。

5 地图龟

地图龟就像它们名字一样，全身都是等高线地图文案，这份独有的特征，使它不同于其他水龟，甚至可以用变化多端来形容它们。地图龟亚种很多，有蒙面地图龟、卡哥地图龟、黄斑地图龟、密西西比地图龟、北部黑瘤地图龟、北部拟地图龟、阿拉巴马地图龟、环纹地图龟、和纹地图龟、德州地图龟等。

高度水栖的地图龟与更为普遍的滑龟及锦龟（如巴西龟）有着相似的体型。然而，与这些龟不同的是，地图龟在背甲中有一条很明显的嵴突。在许多种类中，这条嵴突更像是伸向后上方的大型刺突或瘤节，就像将军的盔甲，高高的头冠。这个特点使地图龟又有了另一个俗名：锯齿脊龟。市面上，俗称的黑瘤地图，就是个典型。地图龟亚种多，环境也各有千秋，目前市面上流行的地图龟大多是台湾早期引进的分布于密西西比河流域的密西西比地图龟。其他亚种大都未引进。还有一种称为伪地图龟。这两种比较类似，都可以轻松在宠物店购入，价格也相近。

地图龟以水生蚬贝、蜗牛类为主食，所以牙板十分坚硬，可以咬碎甲壳。在混养上也需注意它们会咬伤其他温和龟类的尾巴或颈部。与北美龟类混养较适合。饲养温度为22 ~ 30℃，在人工环境下食量很大，饲料为螺、小虾、小鱼、鸡肉、动物肝，成长迅速。雌雄辨别与巴西龟相同。产卵及繁殖习性也相同。只是对环境的适应力较差，引进数量较少，所以并未像巴西龟一样在本地大量繁衍。

地图龟的饲养以及环境的布置和滑龟、锦龟要求相近，但是地图龟对水质要求更高一点，一旦水质污染，地图龟就会有腐皮等耐受力差的表现。所以勤换水，或者安置一套强大的过滤是有必要的。

密西西比地图龟

密西西比地图龟是目前地图龟的主流，也是最为常见的亚种之一，分布于美国中部至南部的密西西比河流域。一般雌性甲长为15 ~ 25cm。雄性体长却只有8 ~ 12cm，背甲呈棕黄色至橄榄色，并带有深棕色的脊棱和相互连接的环形纹样。腹甲黄中泛绿，并具有由深色线条组成的图案，这些图案极为多变、错综复杂。眼后具有新月状的黄色纹样，颈部的条纹因此受阻而无法达到眼部。下巴上有圆形的斑点。白色的眼白颇为显著，而其瞳孔则是黑色的。就像诸多滑龟锦龟一样，雄性的前脚上长有修长的爪子。

密西西比地图龟同样会成群排队晒背，酷爱晒背的地图龟，如果室内环境满足不了，就需要一个人工紫外线UVB灯为其提供一个晒背点，如果温度达不到26℃，还需要一个提供热能的加热灯。而水中需要一个热带鱼常用的加热棒，达到水和空气的平衡温度。

宽大的脚掌让地图龟在水中成为一名潜水员，为此水体可以尽可能大，加深水位，让水的温度更为稳定。

在食物的选取上，可以更接近杂食类，以昆虫、鱼、虾、螺类为主，水生植物、蔬菜为辅，也可以用鱼饲料替代蔬菜。

6　黄喉龟

黄喉拟水龟，因为喉部发黄而得名，因为背甲光滑，形似一块鹅卵石，也叫石龟，别名还有石金钱龟、黄板龟、黄龟，分布很广。

（1）黄喉龟的分类

这里主要说说越南石龟、大青、小青和八重山。

★　越南石龟

首先说说轻松突破2.5kg左右的越南石龟（简称南石），野生南石已经资源稀少了，它的头型呈三角形，头纹顶部颜色为深古铜色至橄榄黄褐色，夹杂有零星黑点，和喉部的黄色形成强烈反差，南喉眼后有两道非常宽的黑线，从鼻子贯穿眼睛延伸至耳鼓后到脖子，色差也极其明显，眼球黑色，两旁角膜各有一线状小黑点；南喉背甲的黑色背中线非常明显，从颈盾一直贯穿到最后的缘盾，黑线部分的中央纵棱突起较明显，整体甲色偏棕。南喉的腹甲黑斑通常大而浓，并且每块盾片的黑斑前后连接构成一个弧形，两侧对称，俗称“嘴唇纹”黑斑。这个特征最为明显，也最容易区分。

★ 大青

大青分布在我国台湾，福建，从体重、花纹特征以及背甲情况来看，大青介于南喉和小青之间。大青头纹深褐青色，青色中略显黑气，故称大青，上下花纹明显，但没有南喉明显，眼珠前后有黑点，俗称眼线，很浅。腹甲有大块黑斑，呈羽毛状放射纹，浓重而模糊。背甲也颜色偏深，脊盾黑线也模糊存在，贯穿脊棱，个头体重介于南喉和北喉之间，能轻松突破两斤。但是黄喉又是变色高手，在不同的饲养环境下，也会有惊异的变化。

★ 小青

小青，应该说是目前黄喉宠物中的美玉，让人疯狂痴迷。小青体型娇小适中，一斤多比较普遍。头部圆形呈青色，和脖子喉部的颜色非常融洽，面部花纹不清晰，小青背甲也很黄，但并无黑线，也没有黑斑点，呈放射纹。如果甲壳很黄，搭配上头部、四肢的黄，就是大家耳熟能详的“三黄”了。当然，也有人更喜欢“红鳞”。这类小青，颜色偏红，有橘黄色至橘红色的四肢鳞片。小青的腹甲花纹特别飘逸，用羽毛形容非常贴切，有的会像烟花状，更多的是毛刺的羽毛状，羽毛拉丝很长，黑斑很少，很淡向外围靠拢，而黑斑淡到没有，就是大家都很钟爱的“象牙”了。

★ 八重山

众所周知，喉分两个亚种，模式亚种和琉球亚种。前面介绍的都是模式亚种，而琉球亚种，就是日本冲绳县八重山群岛产的一种被大家称为“八重山”的黄喉，八重山喉最大特点就是小。从收集的资料来看，很少超过一斤，一般都在六七两就生长缓慢了。除了小，八重山喉和小青极为相似。

简要描述一下区分八重山喉的小技巧，先来看看头部，八重山喉几乎无眼线，脸部侧面的眼后黄色斑纹明显比小青喉要来得短、窄、小。公喉尤其明显。八重山喉个小，显得腿粗壮，并且前腿有斑点，鳞色多为花鳞，上下两半的分界线模糊，不像小青还能分辨出来，但是四肢的指甲却乌黑发亮，也有可能是个体问题，在没有大量实体比较依据前，目前这也是一种区分方法。还有一个公认的区别就是，八重山背甲显得更扁，八重山喉相对于小青喉的长椭圆身材来说，要来得更短，臀部更宽更圆。

还是那句话，“喉不看产地，看品相”，有时候养的好，大青也能养出小青的风采，养得不好，安徽三黄也会养出大青的黑气。黄喉是最会变化体色的龟。“喉三分种，七分养”一点都不错。正确的方法，加上坚持不懈的努力，什么喉都能越养越好。

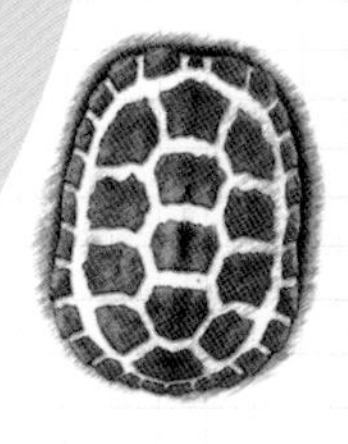

（2）饲养

① 环境

环境不在复杂，合理就好，建议采用浅色环境，里面最好有沉木或者大石头，水最好被太阳晒过，稍微带点绿色的老水，那就是养龟的好水，当然，过滤强大的硝化菌系统更为合适。水刚过背为适。如果条件有限，拿一个白色容器，一块黄蜡石就可以了，这样搭配有助于发色。

② 阳光

阳光也是喉发色的一个因素，光照合理可以让喉体色鲜亮。一般建议采用10点前或16点后的阳光，避开中午过强的紫外线，切记不要想着让喉发色快而暴晒，物极必反，晒过了，反而会黑。晒太阳的时候最好设置一个遮阳的环境，让它可以自由选择。春秋季节，由于早晚温差过大，忽冷忽热，这时候，喉的日光浴就可以集中到10点到14点的时间段。晒太阳的时候最好让阳光直接照射，因为玻璃可以阻挡很多紫外线波段，让日照效果微乎其微。

③ 食物

众所周知，虾可以帮助喉发色，于是就出现了一个误区，以为虾吃得越多，喉颜色就越好看，甚至有的龟友，只喂虾，这样养的后果是很严重的，虾吃的多了，不但不可以帮助喉发色，而且还形成例如人过敏那样等症状，长期如此，钙过多，无法吸收而堆积增生。个人认为合理的虾比例应该是食物总量百分之三十，可以混合在其他食物里让食物更美味，也更多样性。平常还可以喂一些小鱼、泥鳅、黄鳝、蜗牛、蚯蚓、牛羊鸡肉等，甚至可以适当添加藻类，一个月也可以补充一次乳鼠作为奖励。而一些发色饲料，也是很好的营养补充，发色效果也很棒。

④ 运动

黄喉游泳技术很好，尽可能大的环境是体型匀称的保证，有条件的话给一个足够大的空间，一组种龟一公三母比较适合1.5m长，60cm宽的繁殖缸，水陆结合，有块像样的陆地是至关重要的，因为野外黄喉在陆地的活动量很大，所以陆地的选择要足够宽大足够高，不能太过尖锐，并且易于攀登，便于晒背。可以适当加深水位，成体喉水位在二十几厘米或更深是完全可以适应的，这样可以让喉游起来，增加运动量。

（3）繁殖

在自然界，黄喉拟水龟的交配期为春秋两季，交配时间多在夜晚或清晨。龟的产卵期为5 ~ 9月，7月为盛期，产卵时间多在夜晚。产卵前，龟先用后肢挖洞穴，洞穴口大底小，一般洞穴直径40mm，洞深80mm。卵产完后，又用后肢拨土，将洞穴填平。黄喉拟水龟每次产卵1 ~ 5枚，卵呈白色，长椭圆形。卵长径40mm，短径21.5mm。卵重11.9g。孵蛋温度为20 ~ 35℃，最佳孵蛋温度为25 ~ 32℃。温度过高容易畸形，温度过低会停止发育，孵化期间如果随意翻转有闷死的可能和畸形错甲的风险。

（4）幼龟选购

健康的幼龟应具备五个条件：

① 反应灵敏，两眼有神，四肢肌肉饱满、富有弹性，能将自身撑起行走而不是腹甲拖着走；

② 体表无创伤和溃烂；指甲前五后四齐全，尾巴完整；

③ 龟扎实，体重比较重，俗称压手，放入水中，可以轻松潜水下沉；

④ 以当场开吃为宜，选购时间以五月后、十月前为宜；

⑤ 挑选全品，避免背甲增生，错甲畸形个体，以背甲年轮密而多者优先选购。

7 大鳄龟

大鳄龟，学名真鳄龟，又叫鳞头大鳄龟、鳄甲龟、鳄鱼咬龟。它仅产于北美洲的密西西比河流域，是世界上最大的淡水龟之一。

应该说，大鳄龟是现存最原始的龟种，不管是铠甲一般的背甲，还是鳄鱼一般的硕大头部，长长如恐龙一样的尾巴，一看都让人觉得凶猛。大鳄龟的头尾四肢都无法缩入壳中，成年大鳄可以轻松咬爆一只大西瓜，咬合力更是惊人地超越狮子。

大鳄龟享有《濒危野生动植物种国际贸易公约》附录三的保护，限制其出口及国际贸易。野生大鳄龟龟壳以及胸甲的十字架形状很值钱。国外人工大鳄龟已经相当成熟完善，国内也有几家大型的养殖场可以繁殖大鳄龟，十年来价格波动不大。但是一些变异种会十倍二十倍的翻价。到目前为止，还没有出现过白化种。

大鳄龟除了原始外，还有一个与众不同的地方，就是它是钓鱼高手。因为水龟是靠水这个媒介吞咽食物的，所以很多水龟舌头退化了，或者进化出了其他的功能，大鳄龟的舌头就是一个成功进化的典范，硕大的脑袋上长着一对夸张的上下颚，口腔舌头上长着一个粉红色蚯蚓状分叉的附属肢体。大鳄龟一动不动时犹如一块沉木一般，在鱼类的眼睛里，只有舌头上分叉的肢体，在摆动引诱。大鳄龟眼睛长在口两侧，小而犀利，时刻注意着猎物，头部和颈部布满了神经极其敏锐的肉刺，水中微妙的流动都能捕捉的不差分毫，只要进入收网范围内，大鳄龟能以迅雷不及掩耳的速度咬住猎物。这种高效的捕食方式，让体型将近两百公斤大鳄龟，由古至今存活繁衍下来。

大鳄龟始终保持像山峰一样的盾甲，直到九十厘米的背甲，也能清晰地看到十三座小山峰。野生大鳄或者外塘等大环境下的大鳄，背甲三条脊棱会越来越靠中间，形成“川”字形，而家养、整理箱、鱼缸内的大鳄，背高耸。大鳄背甲当中一排脊盾，一般是和两侧的肋盾一样高，一般养殖场的大鳄龟脊盾，第二三枚会略低于肋盾。如果低的多，就算塌背，这个和饲养环境、喂食情况有很大关系，如果饲养得当，脊盾会略高肋盾，成圆弧拱起。往往这种背甲体型，深得收藏大鳄龟的发烧友喜爱，但是一般体型比较小，多在30cm以内。

大鳄龟因为基因原始而稳定，至今还没有记载有白化大鳄龟的记录，但是阻挡不了喜欢收藏变异大鳄龟发烧友的热情，一旦变异，售价将翻上几番，甚至一百番，在短短的数十年不到，变异大鳄龟的名词已经层出不穷了，像wg、pink、pink大理石、超白金、golden、gold、特殊流域等，不管这些名词有多么国际化，请记住，这是国内商家为了方便区分而标注的，并非学术上或正规机构认证。

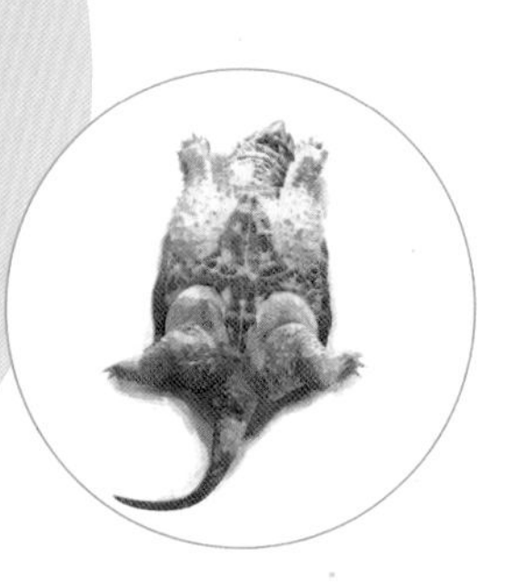

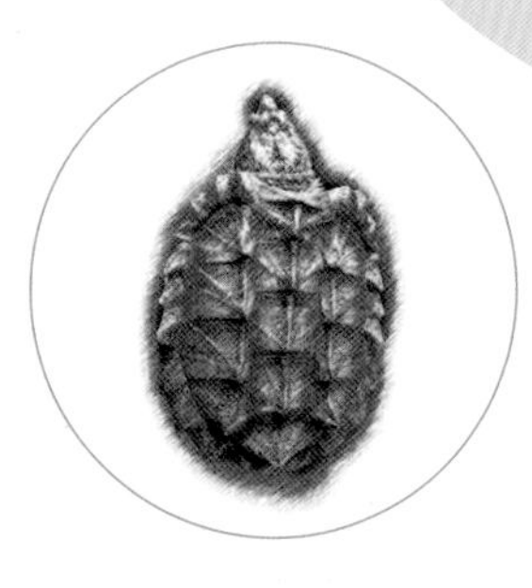

8　拟鳄龟

拟鳄龟，是真鳄龟的亲戚，拟鳄龟就是我们常说的小鳄龟或者鳄龟，而真鳄龟就是大鳄龟，这并不是以体型的大小来命名，而是两种不同的品种。

小鳄龟胖乎乎的四肢和脑袋，菠萝一般的背甲，以及特别能吃犹如大胃王，加上皮实易养，已经成为龟友手中最为常见的龟宠了，唯一缺点是，生长速度很快，绝大部分比较凶，有咬人的风险。

小鳄龟上颌成钩状，但是钩不大，下巴有触须，虽然小鳄龟头部比例不是最大的，但是有一条很长的脖子，国外也叫它“蛇鳄龟”。长而有爆发力的脖子，配上硕大的头部，就像拳王一样，捕食的那一刹那，就像一击超快的重拳。常常会看到小鳄龟一口没咬到猎物，撞在缸上，巨大的冲击力，让它自己的身体急剧后退，这种滑稽可爱的举动，会伤到鼻腔，甚至颅骨。对于这种长相萌萌的，捕食凶凶的，每天充满活力的小鳄龟，需要一个比较大的容器，并且为了防止撞缸，还是不透明，半透明比较好。

小鳄龟背甲颜色几乎都是从浅黄色到棕色，甚至到深褐色，小时候背甲凸起，甲峰高耸，有三条明显纵向脊棱，肋盾微微隆起，随着时间推移，新长出来的背甲几乎没有棱角，越来越圆润、光滑，这个是和真鳄龟的区别之一。小鳄龟无上缘盾，这也是和真鳄龟显著的区别，虽然小鳄龟背甲没有大鳄的甲峰，但是小鳄龟的尾巴、利爪要比真鳄龟霸气，更像恐龙，特别是公的小鳄龟，有粗大的利爪，和身体一样长得满是锯齿一般脊刺的长尾巴。

小鳄龟成为宠物市场的主流龟之一，并且价格从三十元到上万元，跨度很大，排除变异色系外，共有四个亚种，分别是北美亚种、南美亚种、中美亚种、佛罗里达亚种。

（1）北美拟鳄龟

首先是最常见的北美拟鳄龟亚种（简称北美），其分布占有面积是其他亚种总和的好几倍，主要产于加拿大南部及东部，并延伸至美国东部佛罗里达半岛到德州为止。

体型是四个亚种中最大的，背甲尺寸一般为30 ~ 40cm，有记录最大可达50cm。尾巴也是四个亚种中最长的。通体黑色，深褐色，有的小时候腹甲充满很多橘红、红、深红斑点，俗称红腹小鳄，长大会消退。幼体到成体，颈部为微微凸起的肉瘤。背甲微微隆起，且裙边后缘成锯齿状，甲型呈现方圆形。脊盾比其他亚种要窄，整个背甲甲型为国内常见的前窄后宽扇形。且甲色较暗，多为黑色。第三椎盾宽度不超过整体背甲宽度之三分之一，比第二肋盾来的窄。腹甲窄小，并呈现米黄色，腹甲长度不超过其背甲的40%。头部较小，吻部微尖，肤色较深，通常眼睛前后贯穿淡色线型纹路。幼体时，体色呈现黑或黑褐色，腹甲一般呈现黑色，带不规则斑点。本亚种幼体时相对胆小，这个也许是出于自我保护，避免天敌的捕食，但是成体则不惧怕人，大胆，性情活跃，也相对温顺，因为体型大，分布更靠北，为四个亚种中较耐寒品种。

挑选的时间一般为秋天，养殖场和玩家都有大量孵化个体，性价比很高，以活泼，开食为佳，全品，不腐皮，眼睛明亮，因为生长过快，加上水产市场有大量北美的肉龟出售，所以，尽量买苗，或者家养个体，甚至是进口原种个体，作为收藏首选。

（2）中美拟鳄龟

中美拟鳄龟（简称中美），产于墨西哥南部。已经成为目前四个亚种最有价值的亚种。适合温度22 ~ 28℃，幼体以多样性食物为主，成体时会猎食所有水里或岸上的小动物，只要可吞下的就是它的猎物。虽然鳄龟皮实能耐冷，但是中美不需要冬眠，原产地没这个习性。背甲体长约20 ~ 30cm，最大49cm。与北美相比，更为厚实，中美的最大特征是有两根粗而长的下颌触须，而且从苗开始就比其他亚种触须更加发达，随着成长也会越来越粗越长。

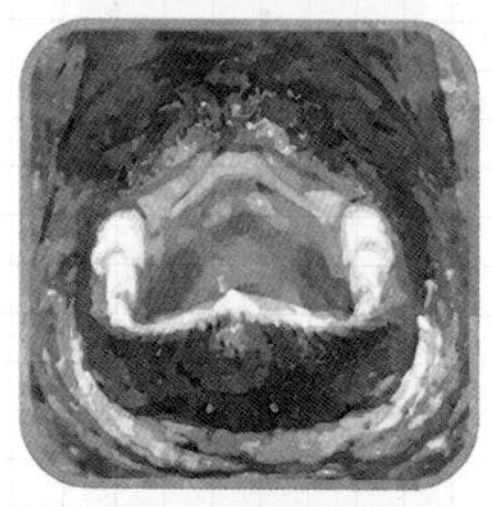

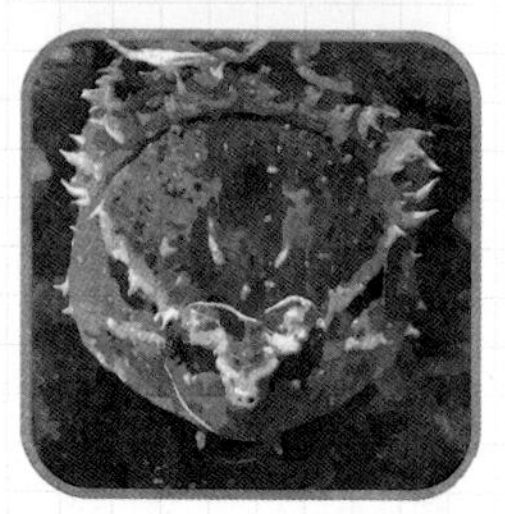

除此之外，中美是四个亚种中头刺最为发达的。与佛鳄相比，可以用狂刺来形容。蟾头一般的强壮头部有两条浅色色块从鼻端延伸至眼后，吻部较狭窄细长。有点像北美的头纹。整体颜色(包含腹甲、背甲及皮肤)比其他三个亚种更深。幼体背甲颜色为深灰色到黑色之间，缘盾的甲壳上有白点，腹甲有白色斑点。

中美的外形要比其他亚种更显得呈长方形，且厚实饱满，无明显隆起，脊盾很宽，其中第三枚椎盾最大，占背甲长度的25%，腹甲前段占背甲长的40%以上。

中美外形不但霸气，也是四个亚种较为珍稀的一种，目前国内虽然价格昂贵，但是龟迷们已经开始纷纷入手收藏。目前中美的两个种群中，墨西哥种群的甲壳基本为黑色，而洪都拉斯种群的甲壳颜色则为棕色等相对深的颜色。

（3）南美拟鳄龟

南美拟鳄龟（简称南美），目前市场占有率最少，鲜有介绍，而且很难区分，谁也不敢保证自己的就是纯真南美。随着北美和佛鳄的杂交，更多接近南美特征的鳄龟出现，更打消了收藏南美鳄龟的积极性。南美体长20 ~ 30cm，最大可超过40cm，为四个亚种最小种。原产地气候温暖，全年

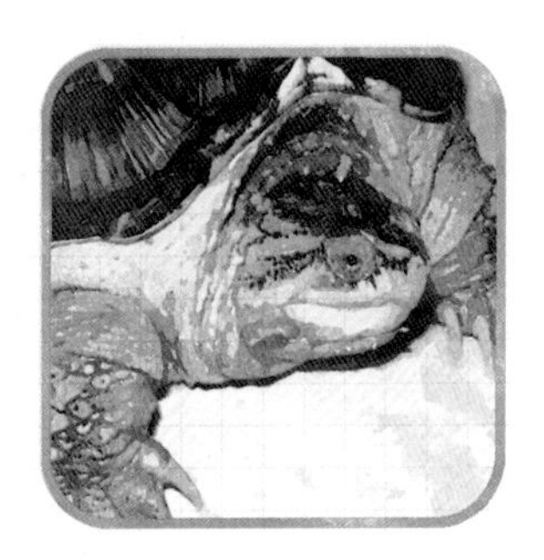

平均气温23 ~ 25℃。幼体时摄食小鱼、虾、昆虫、蝌蚪等。成体时摄食鱼虾、其他小型龟类、水禽及小型哺乳动物。四个种群中，南美与北美形态上较为接近，其代表性形态特征主要体现在，甲型为窄卵型，甲色根据个体种源差异可呈暗褐色、橄榄灰色、土黄色、棕红色或黑色。腹甲为黄色或者米灰色。头部宽短，部分个体头部从鼻头起贯穿眼球延后的色带宽大明显，呈黑黄双色色带。眼球多呈米字，下颚前段有一对发达凸出的触须。颈部为微微凸起的肉瘤。四肢遍布发达粗大凸起肉瘤。部分呈橘腹或者黄腹。尾部呈现三列发达棱脊。幼体的背甲甲面呈细密颗粒状。头部花纹丰富，眼皮不凸起。下颚前一对触须凸出。腹甲四肢呈现大面积斑条状散延，部分个体可呈现黄腹、橘腹，体色艳丽。

（4）佛州拟鳄龟

佛州拟鳄因为产于佛罗里达等地，故得名佛鳄。体长可以达到50cm，因为其霸气的外表，爆刺的头部，凶猛的脾气，是近些年来最火的品种，属于四个亚种中最具商业价值的。因为杂交的客观存在，对于玩家来说，纯种与否，成为了收藏鳄龟的第一道坎。因为权衡的标准有差别，品相不同，价格差距很大。

佛鳄的鼻子比较短，适合热的环境，而杂佛鼻子会更像北美，略长。佛鳄的眼睛更靠前，头宽，吻钝，而北美或者杂佛，会略尖。佛鳄眼睛鼻子紧凑的另一个原因，是为了在观察情况的时候，能减少漏出水面的部位。佛鳄的脖子也是四个亚种中最长的。佛鳄的头比北美宽很多，这是佛鳄的典型标准之一，头宽的另一个体现是，头盖骨板明显，类似大鳄那样，有一个明显的头盖三角区，这个北美不明显。大家通常用“蛤蟆头”来形容佛鳄这种宽大、钝口的大头，佛鳄的眼睛纹路普遍成十字眼、一字眼，甚至也有成米字眼，眼纹并不是佛鳄专属，属于环境原因，一般浅色的佛鳄，一字眼比较多，而原种佛鳄，除了十字眼、米字眼，还会有杂点，这种保护色的纹路只能作为参考。

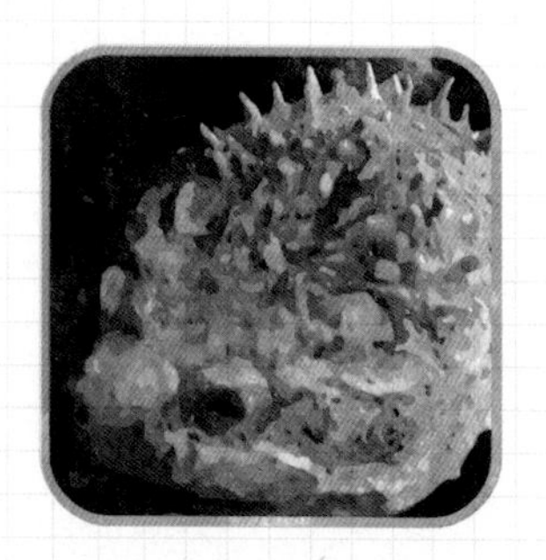

佛鳄的头刺是出名的原因。事实证明，野佛的刺，并不是十分茂密、发达，相比市面上流通的爆刺佛鳄的爆刺相比，在野外的作用不是什么装饰也不是什么感知水流探测水流，而是同眼纹一样，用于模糊轮廓，这点在玛塔和大鳄身上也有体现。所以佛鳄到了亚成体后，头刺就开始发育缓慢了。甚至成年佛鳄的爆刺，已经被宽大的巨大蛤蟆头部所忽略。所以，看头刺前，先要确定头部比例足够大，再看头刺。纯佛的头刺不会凌乱，也不会三个刺长一起，更不会打卷杂乱，细小。以粗大、像钉子一样挺立、排列均匀的为佳。在苗龟的时期就会成三角芽，随着发育，日益挺立。

佛鳄的“蛤蟆头”的另一层含义是，佛鳄喜欢整个吞下食物，相比北美的撕咬，就需要更粗的脖子，扩张性更好的喉部腔体。宽扁的头部，紧凑的双眼，凸出的眼睛，膨胀鼓起的下巴即形成蛤蟆头。通过喂大块食物，让鳄龟咬合吞咽，可以锻炼咬合肌，让头部得到更大的锻炼，扩张骨骼，可以让佛鳄更加霸气。

佛鳄曾经流行过“金甲小白脸”，就是所谓的浅色系佛鳄，随着原种佛鳄的不断引入，“黑佛”也开始流行了，那佛鳄的体色，应该是啥样？还是那句话，看环境。原种野佛都为深色个体，这个

保护色是适应环境所出，野佛鳄家养基本为浅色环境，浅色环境饲养一两年黑色素就基本退干净了，为黄白色加灰白色为主。刚出生时的基础保护色跟基因是有一定关系的，新苗大多数皮肤都为黑色，壳棕黑色，夹杂着腹甲的白斑花纹，随着人工繁殖的代数增多，深色保护色的基因会越来越淡，越来越适应人工浅色环境，这个不影响品种的辨别。但是要注意的是，佛鳄多为灰白、灰黄、灰黑。绝不会出现橘红，甚至发红，红色的基因来源于北美的基因，特别是腹甲、四肢肉色出现橘黄、橘红，基本上可以判断是杂交北美的基因了，但是如果通体发红，也有可能是吃了发色饲料，以及虾吃多的缘故，这个是暂时的，只要食物改变，就能恢复原貌，甚至因为水体含有水锈，或者其他的原因，还会出现红佛，特别是甲壳、头部角质、爪子、角质的喙、尾刺。

头刺不是纯佛的身份证，巨头，蛋甲才是佛鳄成年后的追求。野佛看多了，就知道蛋甲的重要性。俯视背甲，修长，上下等宽，形状椭圆，这就是鹅蛋甲了，椎盾肋盾的，放射梅花纹凸起明显，正侧面看，背甲高耸只能用厚来形容，因为佛鳄的椎盾很大，而肋盾被撑开，成135℃角往下生长，形成了背甲的侧面。如果背甲比较平，甚至前窄后宽，椎盾小于肋盾很多，那基本上就是北美的基因了。

另外佛鳄一般都是尾巴三排锯齿形荆刺，当中略粗，而北美只有一排，当然，北美的这一排相当霸气，锯齿更为壮观。目前变异小鳄，甚至是白化黄金小鳄，也是北美的天下。在国外，佛鳄已经和北美归为一类了，原因可能是这两个亚种的栖息地重合，这更能说明，在收藏鳄龟的道路上，心态一定要好，只要喜欢就好，别在意外人，甚至商家的评论。

鳄龟很好养，没有太多的技巧，却有很多变异的说法，白化目前只有北美、佛鳄，零星可数，至于其他的白化基本上没看到过，大鳄和小鳄杂交，也已不是传奇，特别是最近几年，价格也跌至刚开始十分之一了。变异的标准是首先不能有眼线，眼珠是一个圆形。如果眼珠在亮光的折射下能反射出红色，就像一颗透明的紫红的葡萄，就是大家所谓的葡萄眼了，一般葡萄眼是金黄色的，目前国际上的变异，还只是认可白化、黄化，还有魔眼。而鳄龟的魔眼很少，蔗糖魔眼，指的是白化的身体，但是眼珠却是黑的。

9 鹰嘴龟

鹰嘴龟又称为平胸龟、大头龟、大头平胸龟、鹰嘴龙尾鱼、三不像、麒麟龟。从众多名字上，就能感受到鹰嘴龟的特殊性以及稀有性。我国历史上传说的四大神兽是龙、凤、麒麟、龟，鹰嘴龟身上体现出三种形体，因此，很有观赏价值。如果用鹰嘴龟培育出绿毛龟，那将是龙飞凤舞一般美丽。特别是可让其头上、嘴角、尾巴上及四肢、腹部均长上绿毛，在水中涉步行走时俨然青龙昂首劈波摆尾，真是神奇。这种形态的绿毛有个好听的名字“五子夺魁”。曾经有鹰嘴绿毛龟拍出了3000美元的纪录。

因为鹰嘴龟角质层比较多，包括头部也戴着厚厚的头盔。加上盔甲一般的龙尾，不但尾巴都是硬硬的一环一环的鳞片，连屁股上的粗大的尖刺，也是硬硬的，四肢粗壮有力，前五后四的爪子异常锋利，这些造就了攀岩的好功夫，快速爬行时貌似麒麟拖龙尾奋蹄，静蹲时面目活像一只猫头鹰注视猎物，侧走时完全像苍鹰腾飞。

鹰嘴龟不但具有英武的外形，内心也极具王者的霸气，当遇到比它还要大的动物，就算遇到人，它也会毫不客气地张开大嘴，发出怒吼一般的喷气声，就像猫发威一般。如果你还不退下，它还会用龙一样的尾巴抽打你，姿势相当威武。甚至还会跳起来咬一口，鹰嘴龟的鹰钩嘴，可不是看的，一口下去，田螺都能轻松碎掉。因为这一身胆魄，外加上满是盔甲的外形，超越的攀爬能力，鹰嘴龟在森林里成为一位狠角，甚至不怕山鹰的袭击。

（1）鹰嘴龟的五个亚种。

① 中国亚种

体型略小，大多数成体体重，都在2斤以内，背甲一般不超过18cm，腹甲为橄榄绿色，黄色。出生不久的小鹰有“丰、非”字纹，但成体后会退化，或者淡化为隐藏于甲内的暗纹。尾巴较短，大多碰不到前爪，个别能刚过前爪，背甲中央有一不太明显的龙骨，往往脊盾相对两侧的肋盾，颜色要偏深，后缘呈锯齿状，背甲上的年轮则不太清晰。头部由十分发达的兜状鳞甲所保护，其范围可掩盖至眼部后方，也有部分盔甲并不掩盖眼部，俗称裸眼。此外，在颚部位置有黄色的斑纹，头顶则有放射状黑色细线。颜色相比其他亚种，较为单一，甚至有的铁黑色。

② 中国云南亚种

分布于云南省。其外貌形态和中国亚种极为相似，但是云南亚种幼体时候颜色非常鲜艳，背甲多为绿色，腹甲呈橘红色，这个鲜艳的色彩，随着云南亚种的长大，也会慢慢褪去。腹甲的喉盾和肱盾相接触，另外有三块小盾板，其内部骨骼的断纹在喉盾和肱盾之间形成了特殊的图案，有点像超人胸口那个鹅蛋形的图标，这个特征在幼龟时最容易鉴别。

③ 越南亚种

分布于越南北部，腹甲具有明显的“丰、非”字花纹，伴随越南鹰从小到大。尾巴很长，明显长过中国亚种，甚至有的个体能够超过背甲。龟头、龟甲、四肢根部及尾部下方等位置均呈黄色，且布有许多橘黄色或粉红色斑点。眼部无带状条纹。背甲平滑，前窄后宽，并且后缘并无锯齿状。兜状鳞甲虽算发达，仍无法覆盖至眼部。本种具有十分发达的钩状上颚，头部略尖。由于越南鹰数量多，市面上也很常见，相比中国亚种要鲜艳漂亮，所以购买的人也非常多。但是由于路途遥远长途运输，加上水土不服，买回来以后当国产养，容易致病，甚至死亡。饲养难度略高。

④ 泰国亚种

分布于泰国西北部。腹甲上覆有暗色斑纹，有的有“丰、非”字花纹。此外，本种尚有钩状较短的上颚及平滑背甲，并且肋盾隆起，与缘盾不在一个平面上，有点翻甲的感觉，并且缘盾和臀盾没有锯齿，背甲年轮明显，个体很大。喉部花纹美丽，泰国鹰多花鹰，背甲如玳瑁般美艳绚丽。裸眼如越南鹰，成年后的泰国鹰头部具有兜状甲，会包住眼睛后面，形成了前裸后包的特征。具有放射状头纹。后腿根和尾下部没有黄色或红色斑。

⑤ 缅甸亚种

分布于缅甸南部以及泰国南部。沿腹甲边缘具有暗色带状粗纹。背甲中央有一明显的龙骨，且左右两侧另有较不明显的龙骨存在。不过背甲上的年轮却十分清晰，背甲后缘呈明显锯齿状。颚部上无任何斑纹，有十分发达的钩状上颚。此外，眼部后方覆有黑色带状条纹。数量稀少。

（2）鹰嘴龟的喂养

鹰嘴龟食量惊人，特别爱吃活食，但是它喜欢清凉的环境，凉爽的温度，所以它的消化很慢，这就要忌大吃大喝，遵循鹰嘴有拉有喂，不拉不喂原则。

鹰嘴龟有一条长长的尾巴，尾巴鳞片造就了鹰嘴龟强大的攀爬能力，所以，防止越狱非常有必要。绝大多数龟，只要高度超过背甲长度就行了，但是鹰嘴龟比较特殊，鹰嘴龟长长的尾巴可以当一条腿，完全撑起身体，有了这条尾巴，鹰嘴可以越狱差不多等于背甲两倍多的高度，如果缸里还有假山、石头、沉木，那越狱的能力是你无法想象的。

说到水质，鹰嘴龟的野生环境是山涧溪流，多矿物质，也就是说鹰嘴龟更为适合硬水。刚到家的鹰嘴龟，可以先用矿泉水养，然后过渡到净水，再慢慢加入自来水，最后过渡到全部自来水。如果水质不适应，或者鹰嘴龟出现了敏感，表皮就会有大量分泌物，看似腐皮，又看似蜕皮，其实这是高温，或者水质恶化的一种警告，一般这样的鹰嘴龟，最容易越狱，如果有晒台，会直接爬上晒台，最终还是会越狱，所以对越狱的龟龟，不是单纯找回来，更重要的是分析一下，水质是不是出现了问题，温度是不是出现了问题。

（3）鹰嘴龟的避暑

鹰嘴龟看着很皮实，却是有名的暴毙王，让很多玩家望而却步，这其中是什么原因造成的呢？首先分析一下鹰嘴龟的原产地生活环境。鹰嘴龟是我国淡水龟中最特别的一种。在自然状态下喜生

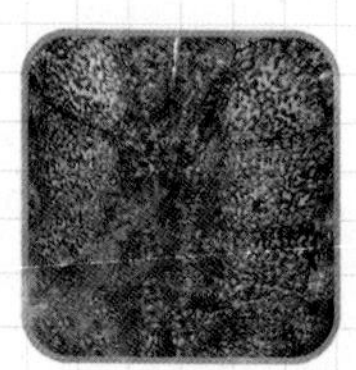

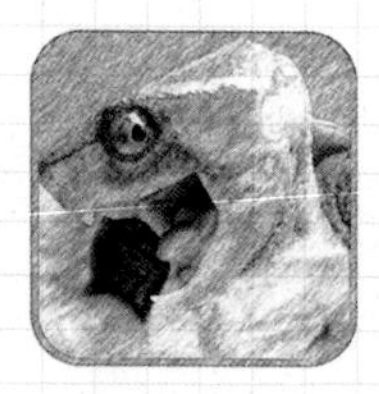
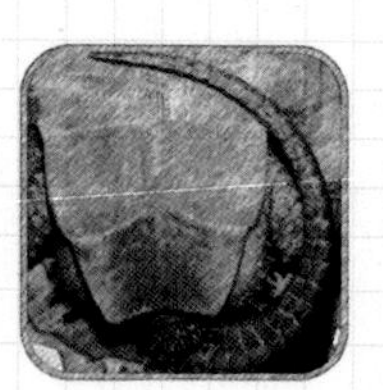

活于清澈并流动的浅水中，多生活于山涧小溪中。喜欢山林间阴暗凉爽的环境。野外山里环境冬暖夏凉，溪流里的水，夏天清凉，秋天暖和。所以首先要克服的，就是高温天气。很多鹰嘴龟暴毙都是在酷夏，特别是外国鹰嘴龟。

避暑方法很多，最理想的是放在空调房的角落里，远离空调。要做到24小时空调运作。注意要避免两种情况：一，对着空调吹，这样基本上会腐皮、肺炎，原因是空调风口太冷了，而且一阵一阵的；二，半天空调，很多办公室或者家庭卧室，都是只开半天，这样就会在一天内形成强烈的温度差，也会腐皮肺炎，最后暴毙。

第三种是鱼界降温法，有两种方法：一是水冷机，这个养鱼界很常用，产品成熟，效果也行，唯一缺点是机器太贵，一般养龟玩家，很少做得到；还有一种平民降温法，就是阵列风扇。别小看风扇降温法，经过测试，能最少降低3℃，如果在通风阴凉的地方，可以让鹰嘴舒服很多。

也有人想出简单办法，就是扔冰块。这里特别指出，千万不可以，有很多惨痛教训足以让大家引以为戒，因为冷热不均，温差过大。这种风险也许比空调对龟造成的危险系数还大，感冒肺炎，暴毙也是情理之中了。

还有人想出了加大水体的方法，如果有池子，又是一楼，就更好了，很多人到了夏天，都会给鹰嘴龟更多的水，但是要记住，不能太深，在鹰嘴龟能轻松换气的前提下，水体尽可能多，水体越大，温差越小，水的比热大，也不容易那么变热，配上风扇，降温效果显著。

最后一个办法，就是模拟山洞，那就是地下室、车库等，同样满足冬暖夏凉，甚至水电齐备，除了光照，几乎完全符合要求。

（4）鹰嘴龟的“带钩”问题

鹰嘴龟“带钩”也是一个头疼的问题。鹰嘴很难抓到，但是可以钓到，一般商家钓到的鹰嘴，都会为了省事，直接把线剪断，无视钩子被龟吃进去。有的大鹰嘴可以排便把钩子排出来，更多的是钩子划破肠胃，引起莫名其妙的暴毙，有的钩子伤到咽喉，造成鹰嘴龟拒食。钩子的情况，在鹰嘴龟里挺常见，如何解决呢？其实很简单，第一，冬天入鹰嘴，冬天鹰嘴不吃食，所以也不能钓到，相比不耐热的体质，鹰嘴龟冬天还是很安全的。第二，可以买了鹰嘴龟，就直接去宠物医院做X光，基本一目了然，如果有钩子，那就看位置，如果在口腔咽喉部位，能取则取，不能取，还有个办法，用强磁铁，进行引导，当然，这个方法，实践少。第三，不管有没有钩子，最保险的办法，就是直接买玩家的，只要玩家饲养超过一年，过冬完好，那就表示这只鹰嘴龟是健康的，也是没有钩的，甚至，如果前主人驯化好了，胆子很大，具有互动性的鹰嘴，那就算检漏了。

10　麝香龟

麝香龟分为平背麝香龟和条颈麝香龟，前者极为稀有，因为常常躲在阶层式岩石中而形成特殊的平背特征。条颈麝香龟又分为密西西比麝香龟和佛罗里达麝香龟，也是分布最广一种。麝香龟的名字来自于此类龟的一个共同的特性，当它们受到惊扰时都会由射香腺释放出一种味道刺鼻的液体，以吓退掠食者，当地人因为这股刺鼻的味道，也称他们为马桶龟，当然，今时今日，养尊处优的麝香龟，几乎已经丧失了麝香这一能力了。

密西西比麝香龟体长8 ~ 13.5cm。背甲上具有棱突（幼体尤为明显），椎盾呈覆瓦状；棕色或橙色，接缝处有深色的镶边；可能有深色的点状或辐射条纹状的图案。腹甲小，粉红色或黄色，有一个不甚明显的铰链关节和单枚的喉盾。仅在下巴上长有触须。头部有深色的斑点或条纹。雄性具有末端呈刺状的大尾巴；而雌性尾巴的末端，仅只刚刚能够到背甲的边缘。

佛罗里达麝香龟，也叫侏儒麝香龟，迷你麝香龟，因为长期生活在温暖舒适的环境，不用冬眠，也不用挨饿，所以体型非常小，公的只有5cm，母的7 cm，应该说是水龟里乃至龟界里最小的了。

不管哪种麝香龟，饲养方式基本上一样，喜欢底部爬行，水深可以不用太深，幼体龟水深0 ~ 5cm即可，甚至刚入的幼苗，建议水深刚过背，随着麝香龟的游泳技术的进步完善，最终成体龟，水深可以加深到30cm，如果有合适的攀爬沉木、假山石头，水深可以到50cm，增加一处水下的躲避所或洞穴将很会受到龟龟的喜爱。如果是用假山制成的话要确定它不会倒塌压到龟。笔者发现用半个花盆能很好地达到这一目的。

麝香龟在食性上表现得非常杂，几乎无所不吃。不过它们的觅食主要是在水底的污泥底砂上进行，所以食物最好能沉底，现在下沉饲料品种也相当多了。

11　剃刀龟

剃刀龟也叫刀背麝香龟。另一个形象的名字叫屋顶龟，因为脊盾成锐角贯穿始终，真的就像别墅的屋顶一样高高耸起，可谓龟界中个性排前三。市场上出售也是性价比排前三，背甲的放射纹和头部的芝麻点，呆萌带点蓝色的眼睛，体型不超过17cm，让剃刀龟早已成为主流龟中的主流。

屋顶龟名字的由来还有一个原因，它的背甲就像瓦片一样，一块压一块，在成体的背甲上很难寻觅到侧脊椎骨的踪迹，第1块椎盾既长又窄且明显向两端扩展，无论如何，它都不与第2块缘盾相接触。而第2块椎盾的长度是多变的，时而长和宽相差无几，时而宽大于长度。最后的3块椎盾通常是宽大于长度，第5块则横向的向后方扩张。

背甲的颜色一般是浅棕色和橙色，有明显的黑色斑点或放射状条纹，每块盾甲后方都有黑色的边界线，然而所有的这些都会随着时间而慢慢变淡。

完美的黄色腹甲却少了喉盾，不同于泥龟和其他麝香龟，它以这10块盾甲代替了常规的11块。一块较为模糊的铰链盖位于胸盾与腹盾之间，在杠盾的末端有个不大的凹槽。腹甲大小排列的顺序为：杠盾>腹盾>胸盾>肋盾>臀盾。头部的大小适中，有一副突出的嘴，上颚略微的呈现钩状。嘴部上方的喙盾成叉形，下巴处有一对触须，皮肤通常是浅灰色、棕色或粉红色并分布着黑色的斑点。雄性有着长而粗的尾巴，它的排泄孔位于背甲边缘的后方，在大腿和下肢间有着粗糙的类似刻度一样的联结物，这是公剃刀的鉴定标准。而雌性的尾巴较短，生殖孔在后方背甲边缘内。

剃刀龟还有一个奇特的特征是很多动胸龟都有的，但是都没剃刀这么夸张，那就是，它肚子的肉会从腹甲中长出来，最后包裹大部分腹甲。也许这就是动胸龟属的名字由来吧，肉包出来后，腹甲就会很软，带有韧带，能根据龟龟的伸缩四肢而上下移动闭合。龟越老，肉包裹的越夸张，这个有时候比看体型大小更能客观鉴定出此龟年龄。此外剃刀龟很容易肥胖，加上本身皮薄，肥胖的剃刀龟像打了很多水，怪不得很多龟友会误以为水肿，而虚惊担心。

剃刀龟张开嘴，喙比一般龟宽而厚实，吃食物的时候，有类似咀嚼的声音。很多人说剃刀很害羞，其实剃刀龟是群居龟，养多了，就有归属感，就会有安全感，追食，讨食，会有各种亲近人的表演。剃刀龟属杂食类，昆虫、甲壳类、蜗牛、蛤类、小龙虾、两栖类以及水生植物都是它的食物，接受人工环境下的任何动物性食物。

剃刀龟的环境非常简单，因为它的不挑剔，也可以造很漂亮且复杂的景，又一次证明了剃刀龟的超高性价比，一般饲养两只以上，七八个最为理想，浅水饲养，可以一个鱼缸，一个整理箱，甚至一个脸盆，没有特殊要求。自来水，保持水质清洁即可，一般小环境饲养，每天必须换水。如果混养多只，经常饿着，也会有打斗，误咬的现象。因为剃刀龟特别偏向水栖，除了下蛋，几乎不上岸，所以可以深水饲养，并且造景，成为赏心悦目的一道风景线。比较主流的造景方式是铁胆砂，配合同程底滤，可以用水草、沉木以及各种造景石，因为剃刀龟不出水面，故可以用流木，或者接近水面的假山石洞，供其攀爬、歇脚、晒背。

12 红面蛋龟

初见红面蛋龟，有几分黄缘龟的感觉，饱满圆润的背甲，比一般水龟都要高和圆，腹甲由两个韧带分成三段，前后可以任意张合，游起来四肢就像飞机的起落架，伸缩收放自如。脸也如黄缘一样越红越好。

红面蛋龟主要分布在加拿大和美洲南部，当地气候最低9℃，故红面蛋能够冬眠，但是不宜太长，而且温度不能过低，安全温度是10 ~ 15℃。笔者建议不要冬眠，特别是繁殖组，因为它们通常是4 ~ 5月和8 ~ 9月交配，产蛋期分别至当年的12月份和翌年的3月份。这个产蛋期正好是我国的冬天，如果冬眠，蛋憋太久，有暴毙可能。

红面蛋龟一般体型不大，体长在12 ~ 17.5cm，比一般蛋龟都要椭圆且平滑，成暗褐色、黑色，家养多橘黄色，其背甲上还具有3条明显的棱脊，但会随着年龄的增长逐渐消失。红面蛋龟的脸部有着独特的红底黑花纹，这是“红面”的由来。家养红面蛋龟，多偏好浅色或者白色容器饲养，配合UVB紫外线灯照射，使得黑色素沉淀少，配合发色饲料和虾肉的摄取，让虾红素沉淀，所以多橘红粉嫩。红面龟蛋皮肤上的花纹在幼体时并不会体现，只有发育到一定程度后，大概第二年到第三年，才会越来越漂亮。

（1）如何分清红面蛋龟和白唇蛋龟

红面蛋龟的兄弟，白唇蛋龟，刚进入我国时，商家很形象地把一个叫做红面蛋，一个叫做黄面蛋，确实很像，一样有颜色的脸，一样类似的头部花纹，一样三段可分的闭壳腹甲，一样鹅蛋形的圆润光滑背甲，就像孪生兄弟一样，有些时候真的很难辨别，龟市价格也是轮流转。区分两种龟的方法如下。

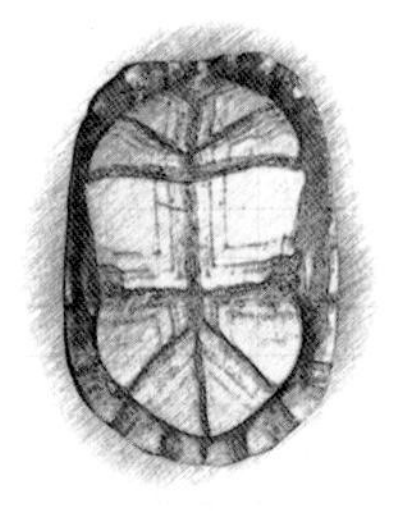

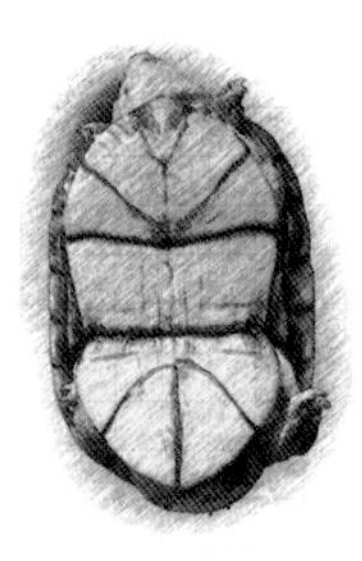

第一，看脸色，白唇是黄色、芒果色、土黄色，绝对不会出现橘红色、暗红色，只要橘黄色、橘红色就基本上是红面了，别说鲜红的红面了。

第二，就是腹甲的股盾，白唇是交叉的，与上下成六星放射线。肋盾和肛盾靠近而在中线部位交融到一起，红面的肋盾和肛盾被股盾隔离，互不接触。这一点最好分辨。

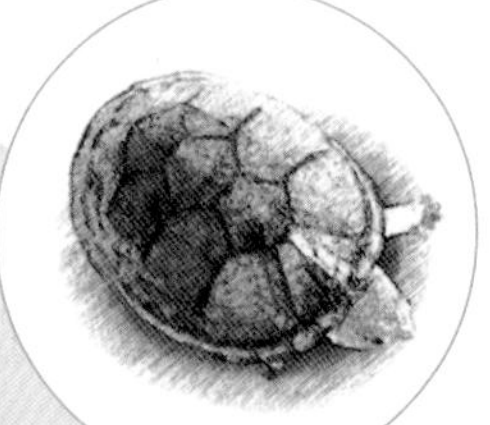

（2）红面蛋龟的饲养

红面蛋龟的野生种很凶，犹如小鳄龟一般会呼呼吹气，吃大型食物，比如泥鳅，会整个吞。但是随着人工饲养增多，现在的红面蛋龟，绝大部分都很和善，甚至很多养殖的，特别胆小，只有小个幼体，因为自我保护的先天意识，还比较凶外。成体红面蛋龟不但不会咬人，互动也非常好，因为吃饲料，食物精心切碎的缘故，头部都比野生的小，嘴喙的钩子也没有野生的鹰沟，但是换掉了黑漆漆，褐色的背甲外衣，多是橘红色、黄铜色的舒服高贵的华丽锦衣。

因为红面蛋幼苗孵化时间比较长，由于操作不当，错甲、畸形比较多，严重的会影响闭合。腹甲除了有两条韧带能随意闭合外，红面蛋的吼盾，只有一枚居中成三角形，除此之外肱骨、胸盾、腹盾、股盾、肛盾，一枚不少。

蛋龟均爱吃软，以适口性好、大小能吞入为宜，这样避免撕扯食物时对水的污染，也让进食效率增加，配合饲料，做到食物多样性。

环境以白色容器为佳。幼苗时，水深超过龟背即可，勤换勤喂；亚成体、成体时适合造景，如果环境够大，水深可以无限深，配合垫脚的假山沉木即可。在深水中，腹甲前后一张一合，收放自如特别有潜水艇的感觉，可以放两条小鱼，供其嬉戏追赶，增加乐趣和运动量。

13　墨西哥巨蛋龟

墨西哥巨蛋龟学名三弦巨型鹰嘴泥龟，也叫巨型麝香龟、巨蛋。

（1）特征

作为赫赫有名的三大巨蛋之一，最大特征就是大，40cm的背甲，属蛋龟之最，还有一个特色就是，背甲每块盾片都犹如泼墨一般，呈黄白底黑花晕染状，然后放射烟花般散射出去，巨大的头部更是有斑纹一样的花纹，华丽高贵。而且这两种背甲头部花纹形体各异。鼻头前端略红，上面成白色。头大，成三角形，吻部坚硬锋利，成体能轻松咬贝壳类。这么大体型的墨西哥巨蛋龟，必须杂食性，亚成体后喜欢吃多肉型的瓜果蔬菜。综合来讲食物种类必须要丰富。亚成体之前，还是偏荤，喜欢动物性食物。

（2）饲养环境

墨西哥巨蛋龟深受龟友喜欢，除了因为够大、华丽漂亮，更是因为好养，特别皮实，几乎对水质没有讲究，自来水也能很欢快地畅游适应，晒过爆氧去氯过的自来水更好。因为此龟很大，为了从大缸换水的沉重劳动中解放出来，过滤也是有必要的，高度水栖品种都喜欢在充满自身味道的水体中找到安全感。过滤能很好地保存这种味道，培养出专属它的领地水体。因为最终能有40cm的背甲，所以，环境要足够大，一般缸体要宽度超过60cm，长度超过80cm，高度超过50cm，如果龟多，相应增加尺寸。

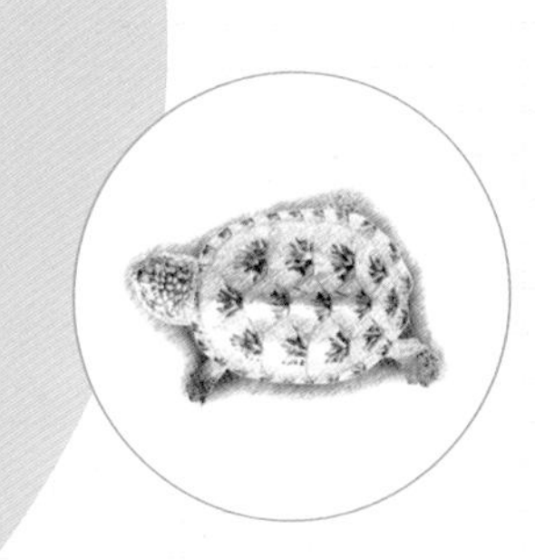

既然叫墨西哥巨蛋，那肯定要加温了，考虑到墨西哥巨蛋龟巨大的咬合力，暴躁的脾气以及充沛的活力，温度计、加热棒、过滤泵最好能隐藏或隔离。一般20 ~ 35℃是最舒适的温度。加热棒一般放过滤里，可以用两根，这样，坏了一根，另一根也能保证温度，瓦数小点，使温差不至于太大，当然，墨西哥巨蛋龟也很皮实，即使断电一天，也无大碍，断电前请记得断食排肠胃。

（3）墨西哥巨蛋龟的发色、甲纹和头纹的控制

谈到墨西哥巨蛋龟，一定会讲它的发色、甲纹、头纹，就像一只水中变色龙一样，什么样的环境，就会有什么样的体色花纹。尤其是5 ~ 10cm的时候，如果喜欢浅色系背壳，那就给它白色的环境，配上合理的UVB光照，保不齐一颗小黑蛋就被养成了白蛋。那如果喜欢头纹，背甲放射太阳纹，就给个黑的环境，不过这种养法养出来的龟跟野生的差不多，并非当下主流。白蛋和黑蛋之间，如果掌控到位，可以让体色花纹达到最强对比度。

发色、甲纹、头纹可以由食物、喂食进度、环境三个方面来获得。

① 食物

食物方面大家似乎没有太多异议，以河虾、虾干、小鱼昆虫以及龟饲料为主。在食物多样性的前提下，可以补充一定量的虾红素。

② 喂食进度

由于龟甲对营养的吸收相对较慢，其生长速度比身体其他部位来得缓慢，所以喂食进度影响着整体能否协调生长。生长过快不仅对龟甲的形状有影响，同样对一些背甲放射纹和头部纹理的发色也有很大的影响，肉长得快过背甲，会让缘盾上翘，就像小马甲套在大胖子身上，放射纹来不及黑色素沉淀，纹理常常粗细不均，而且会断开，甚至会光板，让壳看上去透明。生长缓慢的个体，其纹理会比较均匀并且细而连贯，单位面积上的纹理比较密，鉴于这点，笔者个人感觉某些品种中小苗的蠕虫纹、豹纹、斑点纹理的区别并非绝对一成不变，有可能在日后的饲育中慢慢调理发生变化。

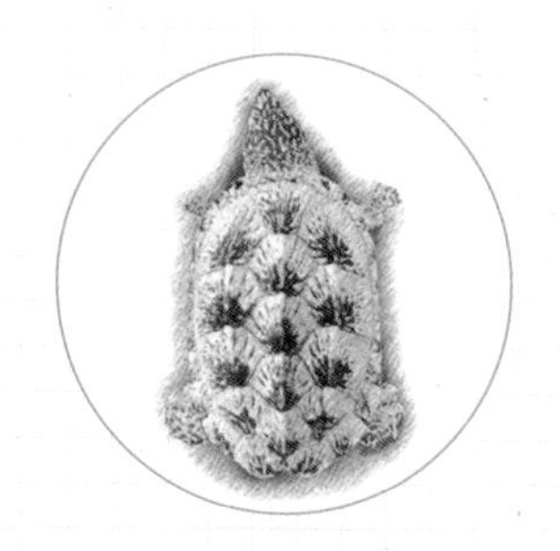

笔者曾经拿一只刚出世时是“豹纹”的虎苗做试验，经过半年多的饲养，目前头部所有纹理不仅鲜明，重要的是几乎全部连贯成了蠕虫状弯弯曲曲的线条。笔者对喂食进度的控制并不是采用人为的“饥饿法”，主要靠的是遵循自然温度。大家都知道，当环境温度低于某个临界点时，龟的食欲就不那么旺盛了，在此期间的生长速度也会有所减缓。笔者的所有龟都是完全在自然温度环境中饲养和进食的，除了春秋季寒潮来袭的时候，会人工干预晚上加热，就连冬天加温，笔者也是做到昼夜温差拉开，完全模拟野生的气候环境。因为龟在国内文化历史还很短，所以喂养经验还需要广大龟友不断摸索和尝试，不断总结，不断完善。

③ 环境

养龟先养水，正所谓七分环境三分养，对于龟来说，环境不仅包括了造景，还有水质，对于蛋龟而言，环境还有主色调和点缀色调的搭配。几乎所有蛋龟的玩家，都离不开玩环境或玩品相发色。当人们在不断追求三弦巨型鹰嘴泥龟高黄个体发色的时候，纯白色或白色半透明盒子似乎成为了最好的发色利器，但是有利有弊。

14　窄桥龟

窄桥匣子麝香龟俗称窄桥。凶悍，进食强劲有力，超出想象的咬合力及进食速度，被誉为“蛋龟之王”。上颚有三把锋利的钩子是这个品种的一大特色，多变的体色，美丽的放射纹，越大越艳丽的头纹，让很多发烧级骨灰玩家痴迷而执着。迷你饱满圆厚的体型被蛋龟爱好者视为掌中宝。萌萌的大眼睛，超级大的巨头以及可塑性很强的体色花纹，让窄桥龟成为了蛋龟界永远的巨星。

窄桥龟生活在较低的海拔区域内，栖息地往往是水流缓慢的小溪或较浅的湖中，沼泽环境下以及泥塘中，浅水环境生活的初衷有可能是为了躲避深水的鳄鱼等天敌。同时它们会花上很长的时间行走在河床底部，搜寻软体动物、无脊椎动物、昆虫及腐尸，吃食凶猛畅快。在它们背甲后端的下方有着一个腺体，当遇到敌害时，就会释放出令人恶心难闻的麝香味道。人工饲养自保时候的麝香味开始退化，为了方便欣赏可以常年放入浅水环境，因为窄桥比较凶猛，不易混养。

想繁殖的龟友，最好公母分开养，等到交配季节再放到一起，这样繁殖的概率会更大。窄桥在墨西哥会经历旱季和雨季。所以要模拟出相应的气候，让窄桥7～9月份在土中洞穴里进行休眠。剩下的时间里，全程加温。

虽然是蛋龟之王，不得不承认，窄桥很迷你，最大体型体长16cm左右，呈椭圆形。圆润的背部有三条纵向的脊椎，随着年龄的增长会显现起来。背甲尾部的缘盾无锯齿且不向外扩张。整个背甲圆润光滑，厚实而美丽。第1块脊椎盾甲普遍向前伸展，显得特别大，而且与第1块的两对缘盾前端相接触，蕴藏着6 ~ 8条中枢神经。其生长纹和放射纹随着长大而越来越丰富。颜色通常为棕色或浅褐色且盾甲间有黑色的交界线。其放射纹因个体差异不同，有的放射纹陪伴始终。

雄性窄桥的体长能达到16.5cm，而比起雌性体长的15cm，要大些。雄性头部也非常巨大，尾巴长而粗，在末端有角状的刺，大腿内侧有像刻度一样且较为粗糙的角质连接物。

（1）繁殖

种龟窄桥养定后，就可以进行人工繁殖了，前后都需要主人特别细心的观察。因为窄桥会选择合适的配偶。如果雌雄龟合缸后不愿意交配，这种情况需将窄桥龟及时分开，否则容易产生打斗行为，造成严重伤害。窄桥龟求偶行为非常有趣，雄龟会游向雌龟的前方并与雌龟保持一定距离，抬起一条前肢向雌龟“招手”，交配行为通常发生在10月到来年的4月。

（2）孵化

窄桥刨土筑巢一般始于干燥的11月份，最晚到历年的2月，在此期间，暴躁易怒的窄桥时有攻击行为，公母应该隔离，将母龟放入产蛋池的环境中。此时也许会产下几窝蛋，通常一窝蛋中只有2 ~ 3个，坚硬的外壳、迷你椭圆形的卵，雌性龟或许不愿挖洞产卵，但它们会把卵放置在更具隐蔽性的植被表面或内部。孵化周期比较长，蛋的孵化在温度保持26 ~ 28℃的情况下，需要180天以上，在孵化过程中有些蛋会有滞育现象。一定要耐心等待，不要提前剥壳。野外温差不大的情况下也要95 ~ 229天。人工孵化的小苗背甲长度大约是35mm，背部有三条脊椎，颜色通常是咖啡色或黑色，腹甲一般为黄色。

15　棱背龟

（1）印度棱背龟

印度棱背龟活脱脱一个将军，高耸的背甲就像一个将军的头盔，尤其第三节椎盾特别高耸，而其他椎盾也呈锋利的锯齿状，故又叫印度锯背龟，棱背龟是一个素食主义的大家族，其全部成员又分成七大种，分布在印度北部、孟加拉、巴基斯坦，这七个种分别是印度棱背龟、红圈锯背龟、史密斯棱背龟、红冠棱背龟、巨型棱背龟、阿萨姆棱背龟、缅甸棱背龟。在亚洲水栖龟类中绝对是第一大属。

印度棱背龟深受市场欢迎。出现的频率最高，算是棱背龟的代言龟，以绿色为主，布满彩色条纹，就像一只美丽的青蛙，大大的眼睛，五彩的绿色花纹，肚子红底呈现一块块黑斑，一直延伸到脖子，呈条条带状，排列缜密，加上红眼皮、红嘴巴、红肚子，使印度棱背龟极富喜庆感，而它最大的显著特色是背甲第三枚椎盾有一个明显的黑色突起，加上高耸的背甲，显得更为霸气。

虽然印度棱背龟外形神勇，其实内心性格上，是比较胆小的水龟，但是它又特别爱晒背，在水池里配上躲避、浮萍，以及一个能搁置他们的腹甲的小晒台，可以避免印度棱背龟长期在水中。

印度棱背龟属于杂食性，野外主要吃凤眼兰等水生植物及蟹虾昆虫等动物，它们也会吃腐肉。而人工环境下，对于可以吃的食物，来者不拒，并没有特别挑剔，可以适应肉类食物比如小鱼小虾、瘦牛肉、鸡胸肉、冷冻血虫、昆虫类，可以用杜比亚、蟋蟀、果蝇、面包虫、大麦虫替代，素食只要是人能吃的菜叶，它都能接受，至于龟粮，可以找半水龟粮。

印度棱背龟是变温动物，体型娇小，所以它对环境温度的剧烈变化敏锐而适应力差。它的摄食、活动等均受环境温度的影响。在饲养龟的人工小环境温度与自然栖息地相一致时，才能保证印度锯背龟的生理和心理健康。而26 ~ 35℃比较适合印度棱背龟的繁衍生息，当温度较低时，龟不活动（蛰伏）。要人工饲养下达到繁殖龟的目的，应避免龟的环境温度过高过低或大幅度波动。当温度在10℃左右时，龟便开始进入冬眠状态。温度上升到15℃左右龟便开始活动，有的甚至能开始进食，但是只有达到20℃，才能安全进食。一般习惯上把温度在25℃时龟的摄食、活动情况定为正常值。而温度在30℃左右则是龟最佳的进食、活动、生长的温度。所以，在国内长江中下游地区，每年的4 ~ 10月份是龟的活动时期；5 ~ 9月份是摄食旺季；11月份至第2年3月份则是龟冬眠期。

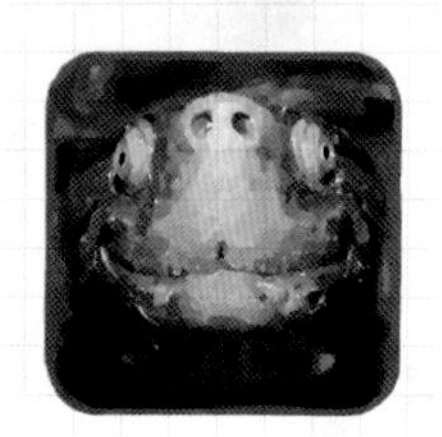

（2）红圈棱背龟

红圈棱背龟也是比较流行的宠物龟之一，脸颊绯红，像一个害羞的小姑娘，背甲上三个棘突也是粉红色的，通体是绿色为主，只有背甲的外圈靠近缘盾有一圈粉色的花纹，这种红绿对比色的配搭，使它看起来非常特别，也非常容易辨认。成年后，背甲可以到达26cm。

同样，红圈棱背龟也是对温度比较敏感的龟类，温差变化太大，极易引起死亡。除此之外，红圈棱背龟性格胆小，需要一个躲避的空间作为它的窝，来降低其高度紧张的神经。

红圈棱背龟是杂食性，投喂的时候，把食物切成大小一口能吞下为宜，同样也适用于蔬菜瓜果，这样切碎喂，能最大保证水体的质量，如果没有及时吃完，也要尽早捞掉，甚至换掉底层部分脏水。

（3）史密斯棱背龟

史密斯棱背龟是棱背龟属种，但并不是很常见的品种，它共有两个亚种，一个是史密斯棱背龟亚种，另一个是白足棱背龟亚种，两个亚种之间的区分很简单，白足棱背龟的腹甲上没有黑斑。而史密斯棱背龟亚种腹甲是黄色的底色，黑色的斑块点缀，肤色外侧较黑，背甲中线上有一条黑色条纹带。白足棱背龟就显得要白嫩一点，除了腹甲无黑斑外，通体皮肤黑色素要少很多，显得白嫩，整体颜色都较史密斯棱背龟更浅。

史密斯棱背龟适应环境温度比其他棱背龟要好，只要温差幅度不超过5℃即可，水质要求更是接受度广，应该是棱背龟里最省心的一种。和其他棱背属的龟一样，史密斯棱背龟很爱晒背，需要提供一个能够垫脚的晒台。

切忌不要用沉木作为晒台，据数据分析，原产地的史密斯棱背龟更喜欢中性或者碱性区域的水体，而弱酸性水质由于有大量的腐败菌，容易让史密斯棱背龟出现腐皮现象。如果温度过低（低于18℃），同样史密斯棱背龟也会出现皮肤发炎腐皮的现象。水温宜保持在25 ~ 32℃。公成体一般为10cm，而雌成体，要稍大一下，背甲在23cm，背甲的脊盾突起并不明显，成体的刺突更是完全被隐没掉了。

16　孔雀龟

孔雀龟全名缅甸孔雀龟，产于缅甸南部，因为缅甸孔雀龟背甲上的黑斑类似孔雀尾羽上的眼斑而得名。

缅甸孔雀龟属于一种小型水栖龟类，20~25cm的个头，却是地地道道的素食主义。无论是睡眠，还是觅食，几乎都是在水中进行。虽然龟不大，也不属于高背龟属，不过幼龟的背甲也十分高耸，几乎与棱背龟的幼龟不相上下，随着成长背甲高耸程度才逐渐平缓，孔雀斑纹也会随着长大而消退。

雌雄的分辨比较不易，雄龟背甲边缘比较突出而翘起，腹甲较狭长并且凹陷，泄殖孔距腹甲下缘较远，雌龟背甲较浑圆，腹甲叶较宽大，泄殖孔距腹甲下缘较近。

缅甸孔雀龟是水栖龟类当中十分少见的纯素食龟种，由幼体到成体都是以植物类食物为主，尤其以绿色菜叶为佳，比如红薯叶、桑叶、油麦菜、生菜等各种绿色多纤维菜叶，一般水龟饲料可以接受。这种食性并不会随着成长而改变，反而越到成年，素食化就越明显。

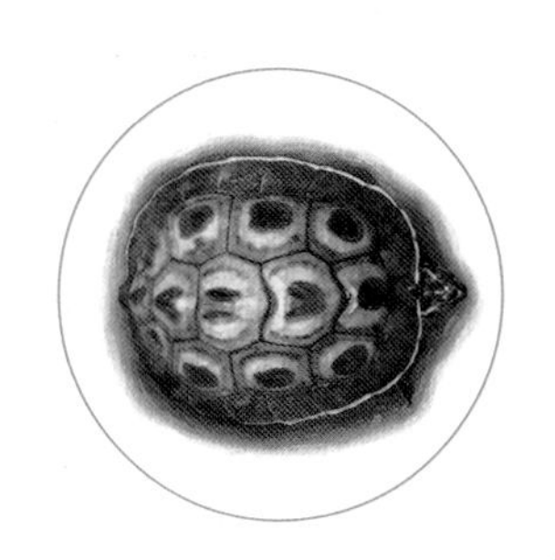

雌龟每年产卵2 ~ 3次，每次可产3 ~ 10颗不等，在30℃的温度下孵育，80 ~ 100天可以孵化。幼龟自出生就拥有眼斑，以叶菜类植物喂食，成长速度也相当快，因为原产地在缅甸南部，故幼体、成体孔雀龟在四季分明的国内都应该加温越冬，以满足素食无法囤积脂肪的体质。

家养时水位不能太深，以刚过背甲为宜，高度水栖的孔雀龟也很爱晒背，利用紫外线UVB产生维生素D3，吸收食物里的钙质。

17　马来食螺龟

马来食螺龟又叫马来龟、蜗牛龟、食螺龟、食蜗龟，从名字就能知道，此龟酷爱吃贝壳类食物，并且原产地分布于柬埔寨、印度尼西亚，马来西亚、泰国和越南等，喜暖怕寒。上颚骨咀嚼面有强脊，但前颚骨无脊。头部宽大、健硕，头顶呈黑色，边缘有一“V”形白色条纹，从鼻部、喙部，过眼眶上部延伸到颈部，且条纹逐渐变粗，吻宽而钝。咬合力强健，可以轻松爆碎螺的外壳。背甲有三条脊棱，较为隆起，但是前缘盾有颈缺，为锯齿状。颈盾宽，成三角形。腹甲后肛盾缺刻深。前肢五爪，后四爪。

曾经登榜最难养水龟之一，极其难养活。但随着人工繁殖个体的诞生和传播，目前养活食螺龟已经不是问题了。

（1）喂食

马来食螺龟很爱吃螺类食物，曾经只肯吃螺类，如今的食螺龟基本上不挑食，小鱼小虾、蚯蚓、面包虫，都能来者不拒。别看食螺龟小，但是它的咬合力非常厉害，宽大的头部就像天然的大力钳，配合它们细长灵巧的舌头，可以轻松获取到躲在甲壳里的螺肉、蚌肉。将螺肉、小鱼、小虾、面包虫等混搭投喂更为科学，如果把螺肉提前冰冻48h，还能有效减少寄生虫的感染，分袋定量定期投喂也更为方便。

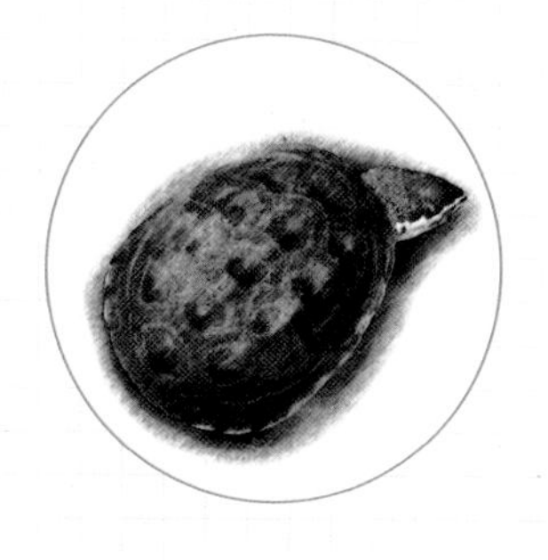

（2）环境

马来食螺龟体型中等偏小，背甲20cm左右，相对不是很占地方，一般一个不小于60cm的整理箱就可当它的终身容器了。高度超过龟背甲长度的一倍，如果要放沉木、鹅卵石，则以沉木石头的最高点开始测量，达到龟背甲长度的一倍高为安全高度，可以有效防止越狱。食螺龟游泳技术一般，水位不易过深，以能抬头轻松呼吸为佳，如果水深过背，长期浸泡，有烂甲、烂爪的可能。除了水不能深，保持清澈也是必须的，一般两天换一次水，养定的食螺龟也不能放松疏忽，有条件的，可以制作一套过滤，过滤可以延长换水周期。特别是喂食后1小时换水比较适合，也相对比较及时。

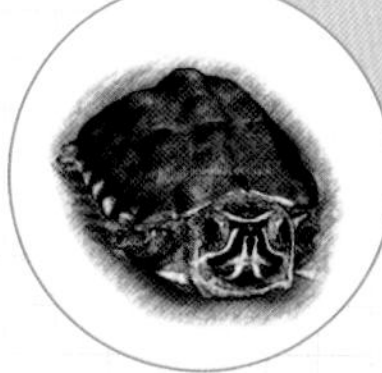

食螺龟比较爱晒日光浴，一个晒台是有必要的，日照不仅能提供一天所需的体能，还能增加食欲，提高龟的免疫力、活力以及进行背甲的杀菌。容器也不易过小，否则水温容易过高。因为它偏爱吃螺肉，福寿螺或者大田螺可以购买未加工、活的螺，通过触碰、闻肉是否有腐烂臭味，来判断是否新鲜，投喂前，敲碎外壳，用水冲一下，很容易分离出肉，如果是大田螺，就更好分离了，投喂的时候，以放到面前为好，方便龟获取食物。食螺龟需要靠水来吞咽食物。除了螺肉，小鱼肉、小虾、包括鸡胸肉、龟粮，也能很好地接受。切记，喂食完，一定要及时换水，确保水质的清爽。

马来食螺龟生活在热带地区，原产地并无冬眠习性，选购的时候，宜在5月份以后，9月份之前。也就是避开初春和深秋，温暖的南方，可以根据当地气候，适当提前和延后。虽然怕冷，但是偶尔加温断电也是不用担心的，有时候，人为十几度让龟冬化几天，还能催熟性腺的发育，为做种龟做好准备。一旦进入繁殖阶段，就不要冬化了，加温确保生蛋，才是关键。

（3）如可挑选食螺龟

拒绝野生个体，尽量挑选小苗，幼体，价格不贵，性格好，最重要的是对食物不挑。

首先看眼睛，清澈透明，清晰的瞳孔，干净的眼睑。一旦模糊、肿胀，甚至闭着眼睛，那基本上有问题。

其次看口腔、排泄腔、四肢是否有腐皮、溃烂。挑选无伤无腐皮为佳，当然也包括腐甲，还要看指甲是否齐。

然后是手感，俗称压手，健康的龟，比你想象中要重，而病龟会显得很轻，这个需要多接触、多掂量，才能领悟其中的差距。

如果都没问题，最后一个，也是排除你疑虑的最保守的办法，就是看龟是否开食。开食的龟，基本上成功了一半。有食欲的龟，可以趁张口，观察是否有口腔炎。很多食螺龟暴毙死亡，就因为口腔炎的困扰。一般能吃的龟，会是同一批里比较个大的那只，也是最不怕人的那只。开食的龟，也能排除肠炎的可能，毕竟肠炎是龟龟杀手，也是食螺龟暴毙的原因之一。

只要能吃，没有口腔炎、肠炎以及严重的腐皮，哪怕有一些感冒鼻塞，轻微腐皮烂甲，还是可以购入的，毕竟，十全十美的少，商家照顾不暇，难免会有点小问题。

18　钻纹龟

钻纹龟的名字来源于甲壳上每块甲片的同心环纹，炫目耀眼的犹如切割过的钻石，五彩缤纷的菱形花纹又名菱斑龟、金刚背泥龟，属于汽水龟，汽水意思就是半海水半淡水，比如沿海湿地、滩涂、海湾、河口及沿海泻湖。是曾经风靡的单属单种龟类，目前还有一部分发烧友。

（1）分类

钻纹龟有七个亚种，先来比较一下大体差异。从环境温度来说，寒冷区域可以冬眠的钻纹体型略小于温暖不冬眠的钻纹。换言之，美国北部的钻纹不怕冷，比较适合中国的气候，而分部在温暖地域的，就怕冷需要加温了。跨度这么大，亚种之间的标准也各有各的特色，加上钻纹龟因为环境改变、人为等原因，杂交比较多，这使得区分七大亚种的辨别鉴定，标准特征更加错综复杂。龟壳的颜色为褐色至灰色，身体颜色可为灰色、褐色、黄色或白色。所有的钻纹龟在其身躯和头部都有独一无二的图案和黑斑。

现在流通的，被玩家普遍称作“大花”“小花”的钻纹龟除了都能冬眠外，并不是一个亚种。在北部钻纹龟和卡罗莱纳钻纹龟中，都有大小花的分类，顾名思义，白底头纹短小而密集的小碎花，俗称小花；头纹形状粗壮而长，数目少的，俗称大花，大花价格一般是小花的几倍，当然还要看是进口苗还是国产孵化苗，还有基因杂的程度、品相完美等因素。

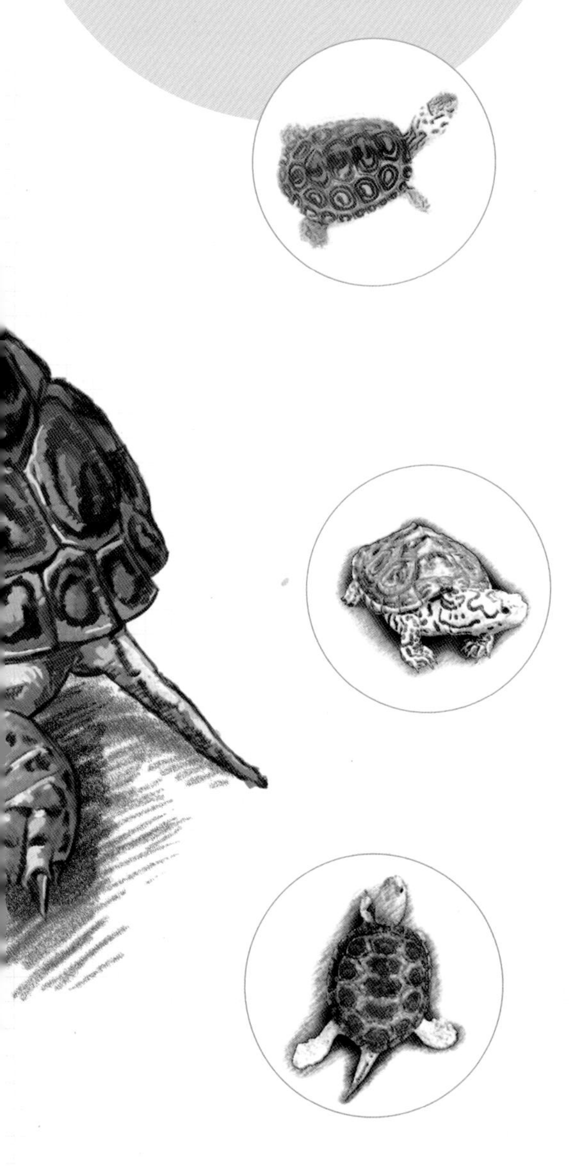

① 北部钻纹龟

早期，钻纹是作为食物特别是做成龟汤的，第一次世界大战爆发后需求下降，养殖场大量放生，也有不少的钻纹被带去南方与当地的钻纹进行杂交，所以同样是北部钻纹龟，背甲颜色和肤色也可能会差别很大。一般来说，北部钻纹龟壳色从黄色到咖啡色到深棕色（接近黑色）都有，而每块甲片都会有一个同心环纹。腹甲发黄发白，背壳脊骨没有珠榴。头部皮肤肤色是灰色和白色的，皮肤上还有很多小黑点花纹，腿部皮肤通常是暗灰色至黑色。一般北部钻纹龟嘴上会有两条黑纹，看上去就像人的胡子一样。而北部大花，便是来自切萨皮克地区的北部钻纹龟，国外玩家称作Chesapeake。

② 卡罗莱纳钻纹龟

国内简称卡钻，同心圆非常美丽，在国内也有大花小花之分，龟甲上的颜色有黑色橄榄色，乃至象牙色，几乎没有脊棱，也没有珠榴，背甲边缘平行。皮肤也是斑斓不一，有小斑点碎花，有鲜艳粗线条，个别还有粗的大块斑点和泼溅状斑点，颜色从深灰色至白色。

皮肤以及四肢为白色，在纯白色的皮肤上有粗大黑点纹或条纹，外貌与北部大花有点相似，所以通常都被统称为“大花”。

既然都有小花，大花，北部钻纹和卡罗莱纳钻纹就极为相似。区分北钻和卡钻主要有以下几点：一是卡罗莱纳钻纹龟甲壳呈椭圆形，在甲桥后的甲片没有特别明显增大，甲壳两边成平行线。二是卡罗莱纳体色通常较浅，皮肤较白。三是北部钻纹龟(包括雌性)头部比其他亚种都细小，部分的头上菱斑很干净呈灰色或浅灰色。

③ 佛州东海岸钻纹龟

简称东部钻纹，这种钻纹很好认，俗称黑金刚，上下额总是黑色或者深咖啡色，就像络腮胡一样。壳色一般是深咖啡色和黑色，甚至腿也几乎是完全的黑色，和一些国产北部钻纹很像，但是东部钻纹脊盾有很大的三颗珠瘤。

④ 红树林钻纹龟

钻纹发烧友的终极梦想，大大的三颗瘤球，有着锦钻和德钻的美丽背甲，中间是一个凹槽，颜色淡黄色，周围深棕色。头纹有很粗长的斑点跟条纹，腿是灰色，发紫，也就是常说的蓝皮。幼体金黄，颜色非常好看。

⑤ 锦钻纹龟（华丽钻纹龟）

名如其龟，背甲颜色花纹及其华丽，有点像红腿象龟，黑色的背甲凸起，中间淡黄色花纹，色彩对比强烈。脊盾有三颗硕大的黄色瘤球，虽然随着年龄的见长也不会增大，但是锦钻最出彩的粉头和白头，还有蓝头，让人一见钟情，其中粉头最受欢迎，特别是有一种没有任何杂点的全透明的粉头，包括四肢也是无任何杂点的，更是极品中的极品，这种光头的价格也是比普通的锦钻贵很多，常常成为钻纹收藏中的极品。

⑥ 密西西比钻纹龟

背甲腹甲通常有大片的黑色纹路，背上同样有三颗球瘤，跟东部钻纹类似，上下颚也很黑，有着大黑胡子，腿也通常是黑色，它们是最黑的亚种之一，头纹正中间有着大片的菱形黑斑。密西西比钻纹跟普通德州的区别是成体整个背甲都是黑色。

⑦ 德州钻纹龟

背甲是浅棕色到深棕色，腹甲通常是黄色到橙色，幼体背上有着三颗瘤球，成体体型特别大，特别是雌性。头上的菱形斑纹通常是白色带一点金色或者咖啡色。德州中有一种超白个体，俗称超德，背甲颜色黑黄分明，对比明显，非常漂亮。

（2）喂养

钻纹龟有着华丽的外表，特殊的汽水（含可溶解盐分高于0.05%、小于3%的水就称为汽水）生活习性，喜好较高的水温和充沛的日光浴。很多龟友也有淡水养好钻纹龟的事实。这只能说人工繁殖的钻纹龟适应了淡水，但是这只是个例，钻纹龟选择汽水作为几千年来的生活环境，肯定是有一定的道理，不会因为这几年的淡化成功案例，而产生质的改变。汽水养钻纹还有一个好处，就是钻纹需要饮用淡水，而汽水可以避免钻纹随意饮水引发肠炎问题。

汽水养龟，淡水喂龟，除了能控制饮用水干净外，还能避免钻纹龟过度饮用钙质过高的珊瑚钙砂而出现钙化的现象。另一个避免钻纹龟钙化的方法是，保证充足的日光浴，众所周知，钻纹龟喜爱贝壳类食物，包括虾类，而这类食物的钙含量很高，当获取的钙质含量超标时，久而久之就会出现钙化。相反如果钙质得不到保证，也会出现软甲，甚至引发其他病症。为了保证钙质的稳定充足吸收，就需要晒日光浴，利用紫外线中UVB产生出维生素D3。日光浴还有一个好处，就是能让难以消化的贝壳类食物更容易吸收，增强肠胃的蠕动功能。简而言之，汽水饲养，少食多晒，加上多样性的食物和25 ~ 30℃的温度，一定能养好这种美丽而活泼的精灵。

19　眼斑龟

眼斑龟是中国特有的儒雅而美丽的龟，以前曾是绿毛龟的佳品，价值不菲，被誉为“水中翡翠”。眼斑绿毛龟也叫孔雀斑绿毛龟，属高档、珍稀、名贵的观赏动物。随着新生代龟友掀起的狂潮，绿毛龟已经逐渐远离我们的视野。而作为传统的眼斑龟，却拥有了更多粉丝。

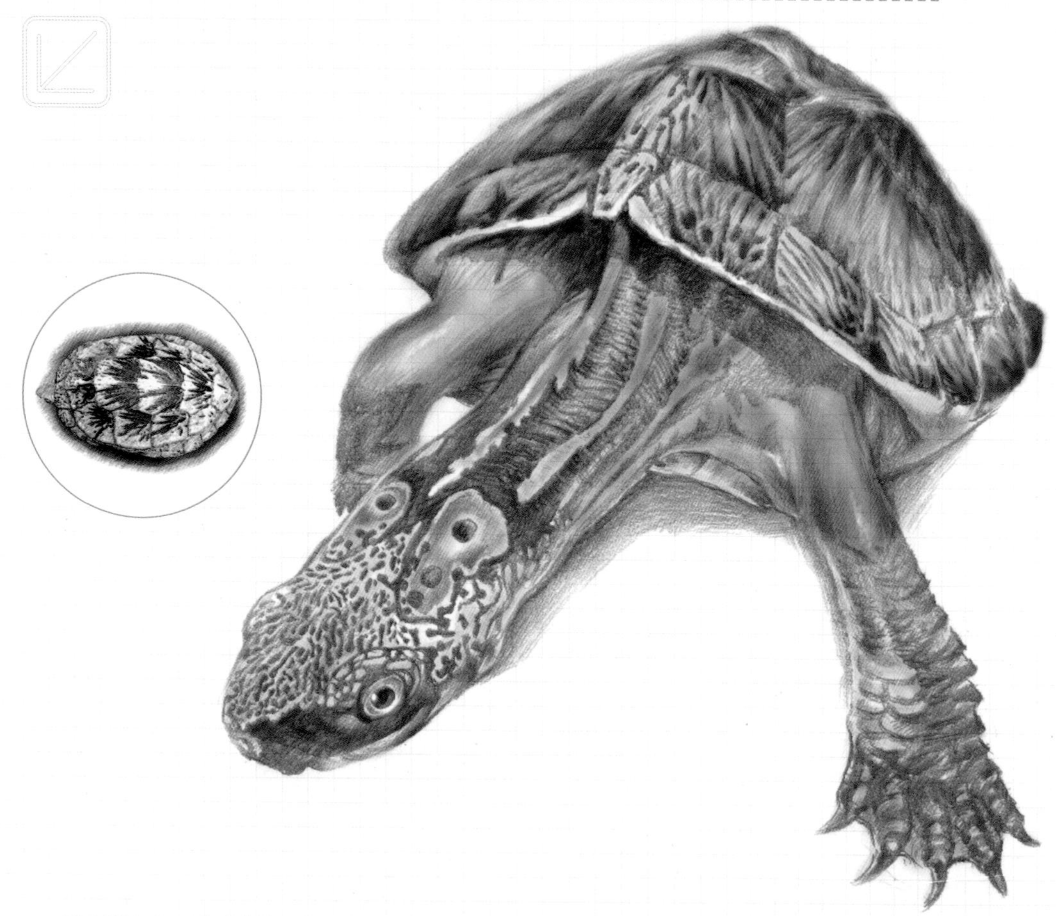

说到眼斑龟，就要说说眼斑属中的其他两种，四眼斑龟和拟眼斑龟。其中比较特殊的是拟眼斑龟，其身份价值很高，1992年定名，已经列入中国国家林业局2000年8月1日发布的《国家保护的有益的或者有重要经济、科学研究价值的陆生野生动物名录》，也是中国唯一特有种，因为其外形介于四眼斑龟和黄喉水龟之间，一些研究人士认为，这不是一个新品种，而是一种比较特殊情况下，在自然界中龟类种间存在杂交现象的大前提下，黄喉水龟和四眼斑水龟自然杂交而成的稀有特殊杂交种。但是并没有得到学术界的认可，所以我们暂定认为拟眼斑龟一个特别的品种。

（1）鉴别

先来区分眼斑龟和四眼龟。眼斑龟原产地在安徽、浙江、福建、江西、广东北部，而四眼斑龟分布在广东、广西、贵州南部，国外则在越南、老挝等国家。从分布来看，眼斑更为稀有，也因此，市场上眼斑龟价格遥遥领先于四眼斑龟。

从花纹的美丽和血红的脖子来比较，眼斑龟也要略胜一筹。具体区分方法有三点。

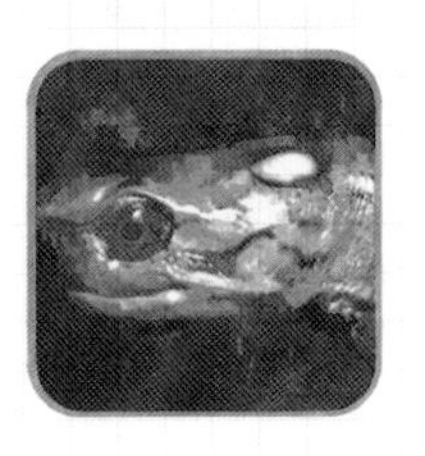

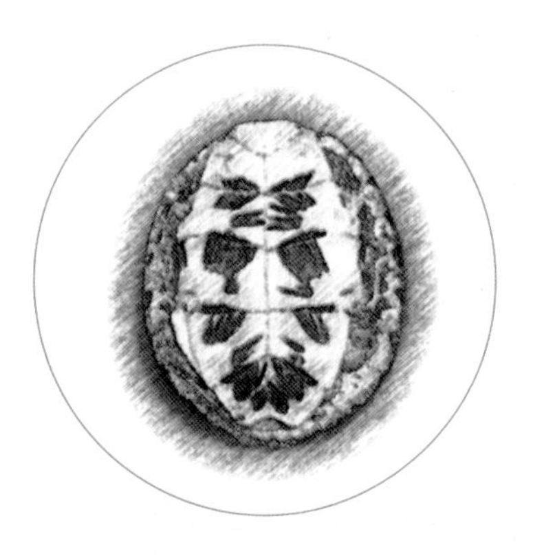

① 看假眼

用中国国画形容，眼斑龟的假眼是写意画，笔墨随意，在整个头部布满芝麻般的碎点。假眼眼皮外框整个混在一起，常常有三个或者多的黑点在两个假眼中。四眼斑龟的假眼，就像工笔画，非常细腻规整，清爽而严谨，四个假眼，完全区分，单独构线，头顶为橄榄绿色，光板清爽。假眼刻画细腻，有板有眼。四个假眼，四个黑点，不多不少，位置居中。在幼体区分中，也可以根据两侧眼睛是否融合来判定，融合则眼斑，分开则四眼。

② 背甲花纹

眼斑龟背甲的花纹相对于四眼龟来说更为华丽和丰富，虫纹、烟花、放射、竹叶变幻莫测，而评价一只眼斑龟的品相高低，收藏价值的多少皆由此来判定。而作为表亲戚的四眼龟，其背甲朴实无华，略显低调。当然，这也不是完全绝对。有时候会看到和完全相反的情况。

③ 肚子腹甲

眼斑龟多以黑斑，大块放射纹为主，几乎没有象牙板，而四眼龟是象牙板居多，也有蠕虫花纹底板。眼斑体型略小一般不超过15cm，而四眼龟能轻松达到20cm。

（2）喂养

眼斑龟和四眼龟习性以及生活环境几乎一样，山涧溪流是它们的天堂，溪流属于矿物质很高的硬水，所以眼斑龟和四眼都更适应酸碱度呈弱碱性的水，眼斑属的龟因为背甲和腹甲的甲层较薄，在野外捕获及运输过程中极易造成内伤，这个内伤在短期内是体现不出来的，加上突然的环境变化以及对酸性水质的过敏，眼斑龟比较容易烂甲，解决的办法很简单，除了挑选运输健康的个体，还可以考虑用井水养，或者弱碱性水体的过滤系统，比如珊瑚石等。

别看眼斑龟体型不大，却非常能吃杂食，新到的眼斑龟因为环境的变化，旅途的艰辛，很有可能不肯吃东西，而溪流附

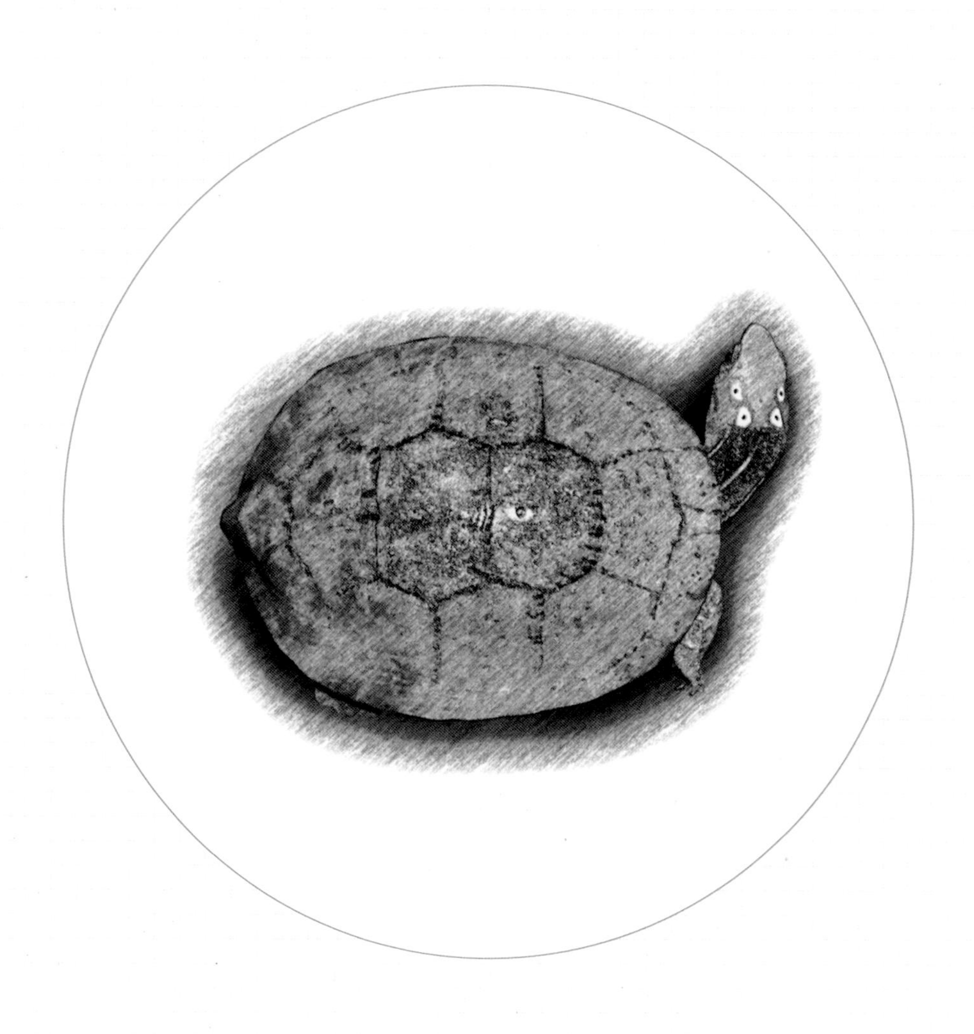

近的昆虫是它开食最佳的选择，人工可以选择杜比亚蟑螂、孔属、小鱼小虾、鸡胸肉、鸭心等。保持食物的多样性，各种水果也是眼斑龟的最爱，几乎所有水果都吃。另外各种绿色菜叶也是非常理想的食物，比如红薯叶、油麦菜等。眼斑龟也可以喂食龟粮，龟粮素荤含量参半，能保证营养的全面性。

（3）红色的保持

眼斑龟的红色，在人工饲养一段时间后，红色色泽就会越来越暗淡，这是很多眼斑发烧友都头疼的问题。红色的保持和食物、阳光有着密切联系，为眼斑龟提供一个晒台和能照射阳光的环境是很重要的，虽然眼斑不经常晒背，但是只要熟悉了环境，一到时间，它准会自己爬上去，懒懒的来个日光浴。而食物中，能让红色素在体内吸收、沉淀的就是虾红素了。自然状态下，虾是含虾红素最多的，定期投喂虾肉，是非常不错的发色食物，除此之外，还有一些发色饲料，可以借用红龙鱼发色的方法。

20　长颈龟

西氏长颈龟，别名扁头长颈龟。应该是长颈龟里脖子最长的了，犹如威尼斯湖怪，又像一条远古时期的蛇颈龙，尤其是深水中，四肢摇摆，长脖子也一起摇摆的时候，格外有意思。

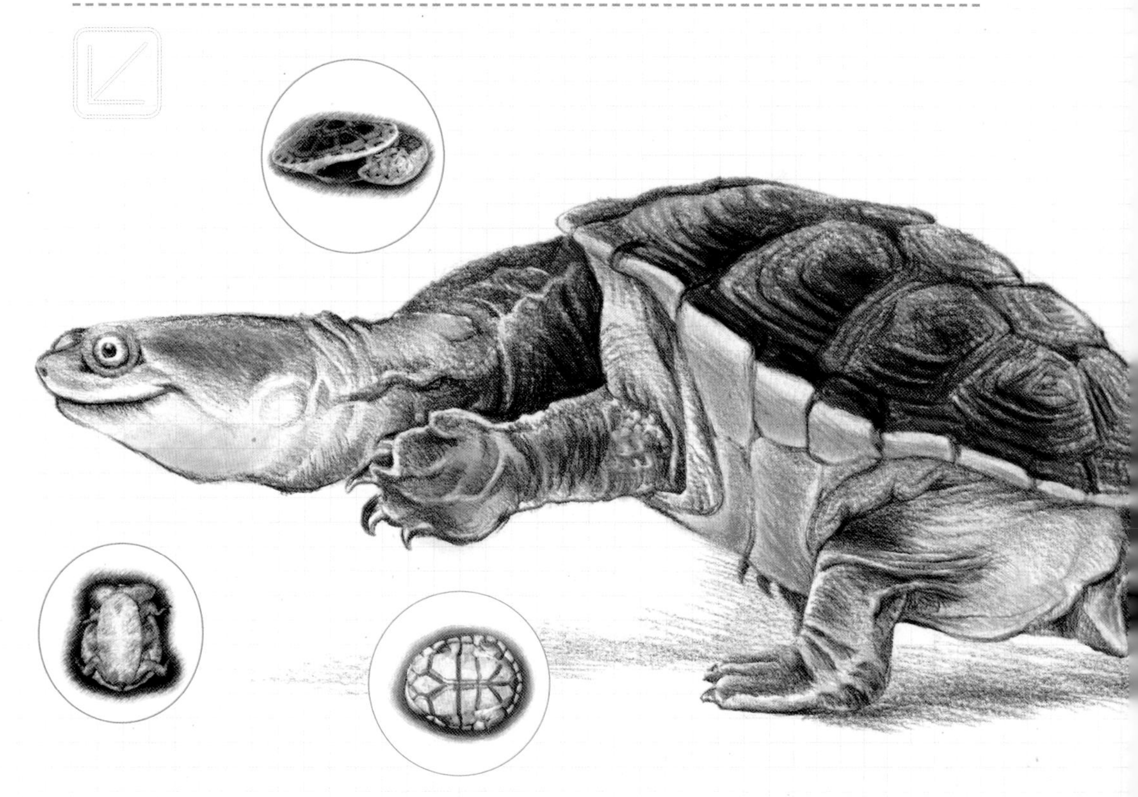

（1）喂养

长颈龟生活于小溪、池塘、沼泽地带。喜生活于水温25℃水域中；水温20℃以下，活动量少；水温18℃时停食，能忍受短时间低温，但是不易冬眠，必须加温过冬饲养，高度水栖，很少上岸晒壳。食物以肉食性为主。人工饲养时，喜食肉类、小鱼、黄粉虫、蚯蚓和混合饲料，虾肉必须去头。

（2）饲养箱

长颈龟的饲养箱布置，可设定为水占总面积70% ~ 80%，陆地占总面积20% ~ 30%，可选用一些大石、沉木或砖头以及龟用晒台作为完全离水的陆地，在陆地的上空可添加一个照射加温灯，将射灯光线照在陆地上，另外再配合爬虫UVB灯，当它爬上陆地晒日光浴时，爬虫UVB灯就能模仿大自然的太阳一样给它热量和UVA/B。水位可加至其甲壳长度1 ~ 3倍的深度。

（3）温度

西氏长颈龟原产地普遍温暖高温，当旱季来临，河水干涸时候，西氏长颈龟会钻入水下淤泥土层中夏眠，直到雨季来临。没有冬眠习性，但是西氏长颈龟体质很坚强，皮实耐养，有很多龟友都有冬眠成功的记录，但是这不属于真正意义上的冬眠，而是其身体的忍受力的一次残酷考验，具有一定风险，特别是繁殖种龟，冬眠对它们来说，更具危险性。但是可以冬化，气温降低到20℃，不吃不喝在水中度过两三个月即可，模拟原产地短而不太冷的冬季。

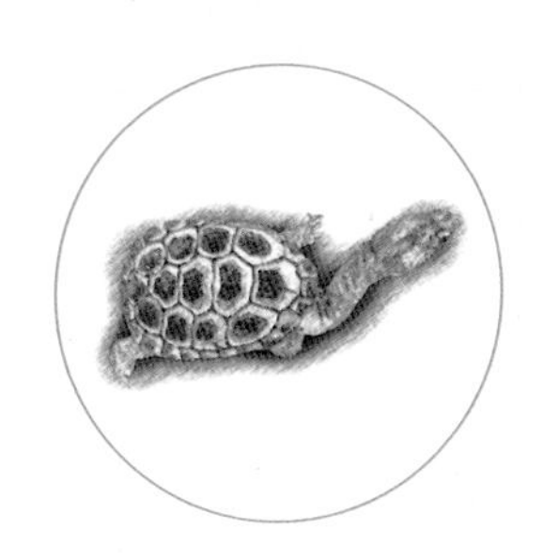

饲养长颈龟的适当温度应是18 ~ 25℃，夏天用水冷机饲养长颈龟是很好的选择，水冷机的主要功能是降低水的温度，广泛用于热带鱼领域，但是由于较为优质的水冷机售价比较贵，所以如果缺乏水冷机的话，最好还是勤换水，利用风扇阵列大面积利用水蒸发降温的原理，做到水质清洁。

（4）水的酸碱度控制

除了注意水温外，水的酸碱度亦同样重要，长颈龟比较适合居住于酸性的水中，水中的酸性有助于抑压真菌的生长，而且还可减少长颈龟腐皮的现象，增加水中的酸度有几种方法。

① 在市面上有部分水族店有供热带鱼使用的榄仁叶售卖，只要将榄仁叶放在水中一段时间便能提高水中的酸性。

② 刚买回来的沉木浸泡在水中时会挥发出酸性，这是个十分不错的选择，但沉木的缺点是不能长时间提高水中的酸性，一般只能维持一个月左右。

③ 在水族店中有一款名字叫黑水的浓缩亚马逊药水，功能是提高水的酸性，售价不贵。

④ 长时间过滤的水，也成弱酸水质。

另外再配合每隔数天用软毛牙刷替长颈龟洗刷甲壳一次，去除背甲上的杂物以及青苔，还可以增加人龟的互动。

虽然长颈龟是泳坛高手，但在幼体阶段（3 ~ 5cm时）的泳术却十分拙劣，如果水太深，长颈龟就很容易溺毙，甚至有可能被过滤泵吸住，所以较为适当的饲养水深应设定在刚刚盖过长颈龟龟壳或高过长颈龟龟壳少许为佳。除此之外，长颈龟幼体对水质要求较高，因为长颈龟幼体时对疾病的抵抗能力比较弱，如果水质较为污浊，水中有毒物质较多，长颈龟就很容易患上皮肤病。

21 黄头侧颈龟

黄头侧颈龟有个响亮的名字——“忍者神龟”，别名还有黄斑侧颈龟，黄纹侧颈龟，是一种可以长到背甲达68cm的巨型龟，别看它大，成年后也不必担心伙食费，因为黄头侧颈龟成年后是植食性的。

黄头侧颈龟（简称黄头），是被人熟知的宠物，价格一降再降，龟苗已经跌入两位数的行列，一般市场上出售的都是幼体，具有鲜艳的黄色斑点，就像涂了油菜的小丑龟，这些冠于“忍者神龟”的亮黄色斑点一共有九处，一处在鼻端的顶上；一处是头部的两侧，在鼻斑的下方，一面一个；正下方一处；再后面一点有一处；上面一处；每个眼睛后面又各有一处。乍一看，就像带了面罩一般。但是这些美丽的斑纹，会在成年后逐渐暗淡，直至消失。

除此之外，黄头其他部位都很大众，圆而光滑的背甲，宽大扁平，爪间具有宽大的脚蹼。头部不能缩入，只能是侧过来放在肩部两侧。最有特色的是在腋部的缘盾与腹甲接和处，每侧都有二至三个小瘤，雄性更为明显。

水栖型很强，有很多人把它和热带鱼混养，水质要求清洁，并且温度应保持在28℃以上，最好的温度是在30℃以上。最低温度应该达到20℃以上，否则不利于其消化，低于18℃，会有肠炎的危险，甚至死亡。

（1）喂养

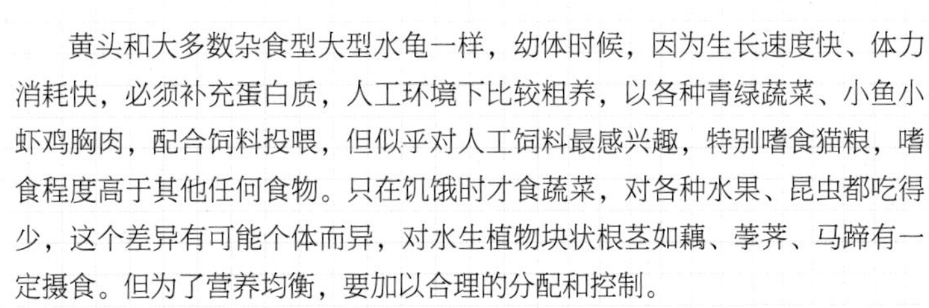

黄头和大多数杂食型大型水龟一样，幼体时候，因为生长速度快、体力消耗快，必须补充蛋白质，人工环境下比较粗养，以各种青绿蔬菜、小鱼小虾鸡胸肉，配合饲料投喂，但似乎对人工饲料最感兴趣，特别嗜食猫粮，嗜食程度高于其他任何食物。只在饥饿时才食蔬菜，对各种水果、昆虫都吃得少，这个差异有可能个体而异，对水生植物块状根茎如藕、荸荠、马蹄有一定摄食。但为了营养均衡，要加以合理的分配和控制。

黄头对于UVB的需求很大。对于人工的环境要求还是比较高的，除了水体要大，满足其高度水栖性外，还要补充紫外线光照，通常来说，一个1m长的缸，可以终身了，晒背需要一个较强的沙漠型UVB灯，每天确保四小时以上的照射，如果黄头长大，就需要太阳灯。UVB太阳灯一般两年换一次，当然，再好的UVB灯，也没法和自然的太阳光相比。

（2）换水问题

黄头长得快，吃的多，拉的也多，对于这种大型水龟，20cm以后，换水是不现实的。随着扑腾搅动，排泄物很快就散开融化在水里，几乎刚换的水，一转眼就又很快浑浊。再过一会，一股腥臭随之而来，换水再勤快，也跟不上它们的吃喝拉撒的节奏。辛苦不说，也浪费水费和时间。所以，一个强大有效并且实用的过滤设备是必需的。所以很多人都把黄头和热带鱼一起混养，既让黄头的水质得到了原生态的模仿，也提高了黄头的观赏价值，还能养养鱼，一举几得。但是要混养的好，还是有很多讲究的。比如，拒绝让黄头龟吃活食，这样避免激发黄头追鱼，咬尾巴的本性。另外食物要充足，保证每天的量一样，食物多样性，并形成规律。保持恒温，最好有30℃。因为黄头侧颈龟也能在海水里短暂生活，所以，遇到感染、发炎时，保守法可以用少量海盐，如果几天还不好，再考虑用药。

热带鱼不需要晒太阳，但是混养黄头，就必须要晒台，除了晒日照获取阳光中的UVB紫外线，生成维生素D3，吸收钙外，晚上还可以做睡觉的地方。日照需要四个小时，灯离龟壳距离不要大于20cm，否则紫外线衰减很快，减弱了效果。因为有了晒台，就要考虑越狱的可能了，一个能阻碍忍者神龟越狱的盖子是有必要的，这样还能防止热气的损失，水汽的流失。缸内水体虽然有强大过滤，但是也要定期更换一部分，比如夏天3 ~ 4天换1/5或者1/4，冬天可以延长一倍时间换，这样鱼和龟基本上不会生病的。

忍者神龟食量很大，有个奇怪的现象就是，它吃鱼的大便，甚至吃自己的大便，所以可以买豹纹清道夫，也叫大帆女王，价格10元左右，长得慢而且比其他异形勤劳。养异形的好处是可以清理鱼缸内壁，缺点就是大便多，大便在这里多是个好处，刚好给忍者神龟吃。如果养了清道夫或者异形记得要喂沉底饲料。

22 圆奥龟

圆奥龟，别名锦曲蛇颈龟、红纹曲颈龟、红纹短颈龟，属蛇颈龟科澳龟属,原产地在澳大利亚、新西兰等。看到圆澳龟，第一个感觉就是“红”，特别是背甲为无花纹的中灰色到炭灰色。腹甲、甲桥和甲缘的腹侧有显著的亮灰色和粉红色。头部是暗灰色的，眼睛后方长有黄色条纹，下颌的底部则有明亮的珊瑚红色的图案，特别耀眼。圆澳龟的肚子特别红，一直红到缘盾一圈。但是这种红色，随着年龄的增加以及饲养环境的恶劣、光照的缺失，也会暗淡。但是相对而言，圆澳龟通常腹甲幼体红色，长大逐渐变成淡黄色，无任何斑点;腹甲较窄，呈长方形，前缘较圆，后缘有缺刻。甲桥较宽。头大小适中，脖子很长，头背部灰褐色，眼睛较大，眼睛斜上方有1对淡黄色条纹，上颌不呈钩状，下颌淡黄色，中央具1对触须。温顺、好动，圆澳龟最终体型背甲长度不超过23cm，与其他水栖龟饲养在一起能和平相处。

（1）喂养

圆澳龟喜欢生活在弱酸性黑暗的水域，白天活动少，夜晚活动多。人工环境下，可以轻松适应玩家的需要，白天活动，夜晚睡眠。它喜暖怕寒，只能短期内冬眠，一般少于3个月，16℃左右冬眠，23℃左右能正常吃食，生活适宜温度为25 ~ 30℃。圆澳龟属肉食性，人工饲养条件下食鱼虾肉、生瘦肉、鸡胸肉、各种昆虫、蚯蚓。人工高品质的饲料，也是不错的选择，投喂食物基本上以“七分饱”为原则，特别是对于高度水栖、运动量大的圆澳龟来说，如果环境小，水浅，又喂得饱饱的，那很容易四肢臃肿，甚至会背甲跟不上生长，让人感觉穿了个小马甲一样。正确的投喂方式应该先充分喂饱，最大量的投喂，直到吃不下为止，记住这个量，下次在这次投喂的总量上相应减少，建议七成饱，并且给足时间消化吸收，一般，幼龟一天到两天喂一次，亚成体三天喂一次，成体还能适当延长。

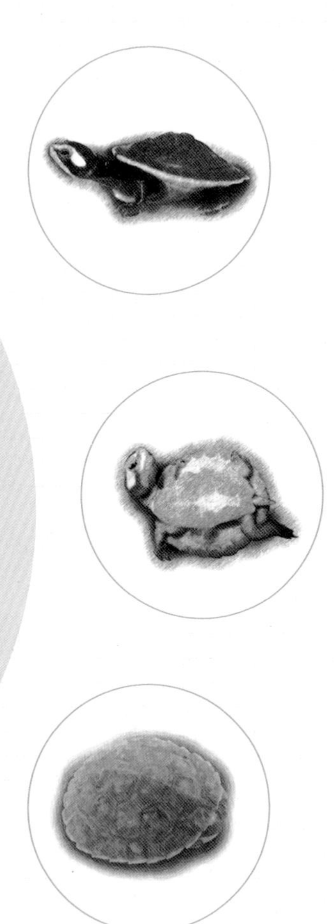

（2）日光浴

圆澳龟非常迷恋日光浴，会整小时地呆在紫外线日光或是加温灯下。龟需要的紫外线有两种，一种是促进皮肤生长和提升体温和整体活力状态的UVA，另一种是可以形成维生素D3的紫外线UVB。还有微量的UVC能杀死背甲皮肤上的有害菌和病毒。保持龟甲干爽，防止寄生虫的寄生。但是任何东西都是过犹不及，不同的生存环境，不同的种类对日照紫外线的需求也有所不同，需要饲养者根据资料仔细观察，一定要在饲养环境中为其设置遮阴处，让圆澳龟自己调节日照的时间。定期晾晒龟壳，可以防止皮肤病，也可以促进旧的甲壳脱除。夏天要注意防止脱水，冬天要注意防寒，可以使用日光浴灯保持环境温度，高度水栖的圆奥龟，如果身体过分干燥，有时会导致死亡，所以晾干龟壳的时间最好不要超过1个晚上。圆澳龟属于有冬眠习性的龟，水温16℃左右冬眠，5℃左右能自然冬眠3个月左右，短期冬眠要随时监测龟龟状况，以便及时加温。

（3）孵化

圆澳龟每次产蛋7 ~ 14枚，雌龟背甲越长，每窝的卵越多，雌龟8 ~ 10月产卵，卵产于植被丰富有潮湿泥土的岸边，硬壳，呈椭圆形；长径平均35mm ± 0.05mm，短径平均19mm ± 0.02mm，卵重7.68g ± 0.02g；人工饲养下很容易繁殖后代。每年的9 ~ 11月为产蛋期，每次5枚左右。需要产蛋池隐蔽安静，黄沙和蛭石均可。雌龟掩埋巢穴十分粗率，也不用腹甲压紧土壤。这样便于及时挖出收集刚产的蛋。

23 玛塔龟

玛塔龟，中文别名毛缘蛇颈龟、枯叶龟，又称为“玛塔玛塔龟”，是现存最古老的爬行动物，被大家称作“微笑的狙击手”。“玛塔”一词在当地土著人的语言里是非常丑的意思，当然，丑到极致也是一种美，玛塔龟便是如此，丑的可爱，神秘而美丽。

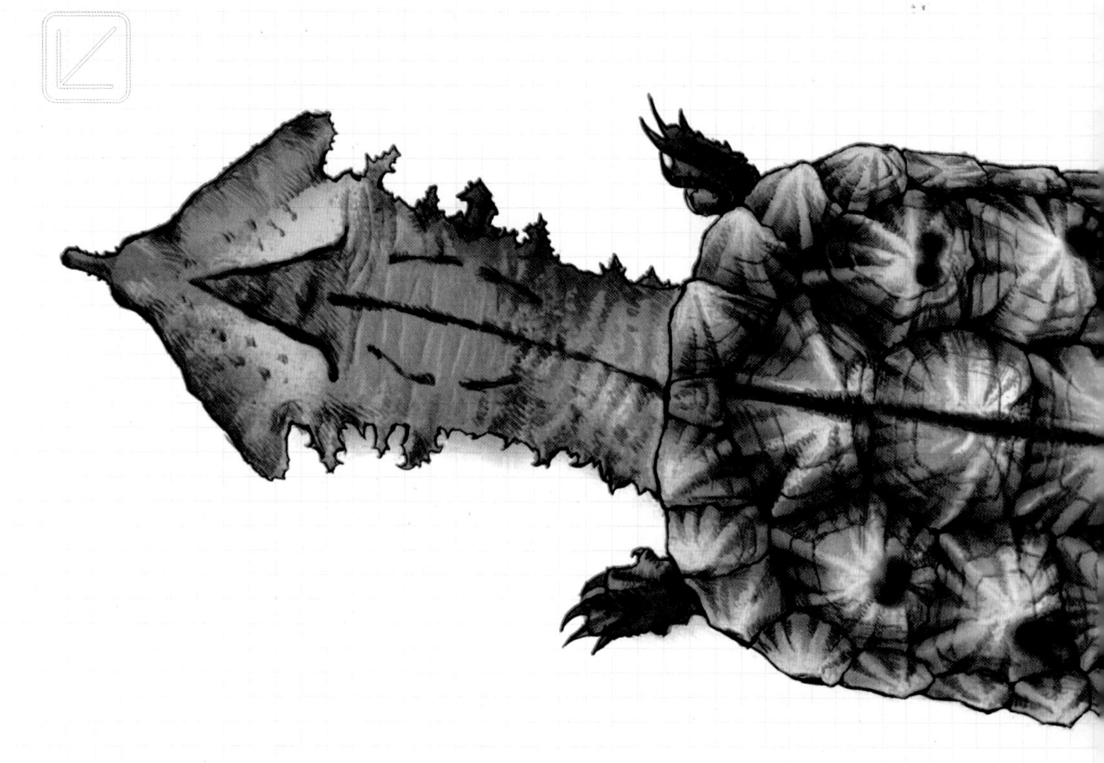

玛塔龟除了拟态的造型奇特个性外，体型非常大，特别是红玛塔，饲养四年，能轻松突破30cm背甲，加上头部，全长可达60cm，一般背甲都长约30 ~ 45cm，往后生长会比较慢，有记载最大的一只达到了61cm背甲。

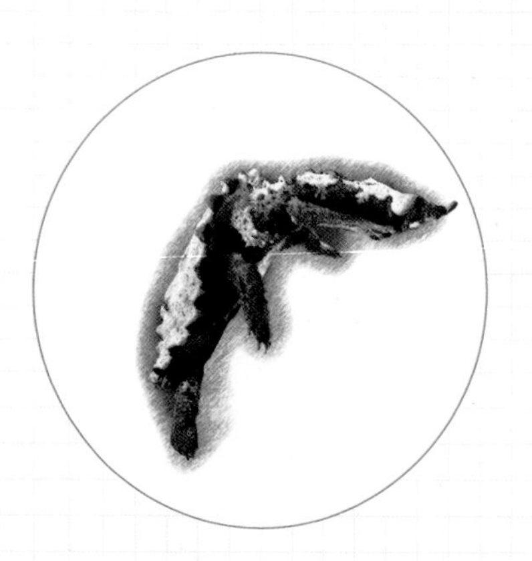

玛塔最大的奇特之处就是脖子硕大无比，几乎占身体的二分之一，背甲和三角形的脖子看起来像一块浸透水的树皮和落叶残片，树皮一样的背甲和鳄龟有点类似，特别像大鳄龟，每个盾甲中间都是粗糙的凸起，就像菠萝一样，粗糙但是又有规律性。而玛塔的脖子，更是精彩巧妙，堪称动物界伪装大师，玛塔龟的头部是所有水龟中最有特点的一个，从鼻端一直延伸到头骨两端后

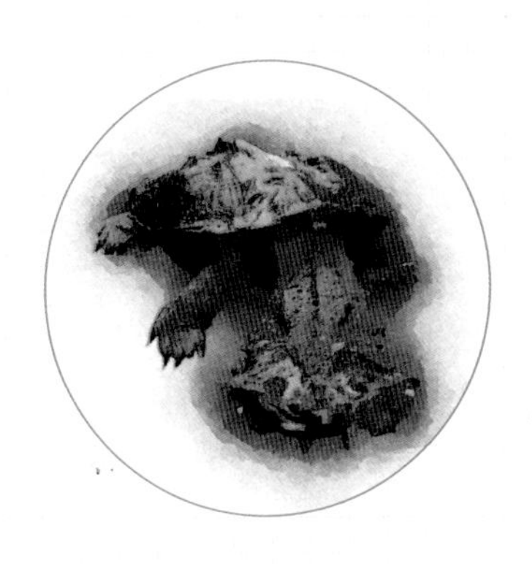

部的皮翼使整个头部形状为巨大的三角楔形，很好地模拟了树叶的形状。头部最前方突出的象鼻状鼻管惟妙惟肖地模仿了树叶的叶柄，俯视头部还会发现在三角形正中央有一道箭头状棕色条纹酷似叶脉，把拟态发挥到了极致。体色似枯叶，颈部分布有很多触须和棘刺状肉质突起和皮褶结构，有很多感觉细胞和触觉神经用来接收水流的信号，巨大的三角形头部减小了水的阻力，就像一柄巨大的长矛，两端撑起的皮翼起到了分流水流的作用，很大程度地减小了前行时头部位置发生改变而产生的水体震荡所产生的冲击波。还有一点值得注意的是它的脑袋虽然显得很大，但是当你从侧面水平来看它的头部时就会发现整体构造为扁楔形，原理和箭头一样，也就是说头部正面的阻力面非常小，接触声波的受力面积自然也减小许多，而它自己接收水流信号的感官却长在头部两侧，在分流水的皮翼之下。

为了更好地伪装，玛塔进化出了一个犹如大象一般的小鼻子，成管状，向外长长突出，这是为了能悄无声息地呼吸水面上的空气，有点类似现在的潜水员，乍一看，还真像箭头前尖尖的刺。鼻子和眼睛挨着，眼睛里有一道眼线，和头侧两边的头纹浑然一体，眼球的颜色也和脖子侧面的颜色一致，加上眼睛很小，不仔细看，还真的不知道眼睛在哪，很多人第一次看到玛塔，都会因为找不到它的眼睛而唏嘘不已。

有个很响亮的名字，来形容玛塔的作战神勇，那就是“真空捕猎”。和大多狙击手一样，玛塔很会伪装，一般以蹲守、伏击为主，伏击的时候，会伸长脖子，尽可能让脖子松弛，保持轻松，它会以这种姿势保持很久，除了会缓慢用大象一样的鼻子呼吸外，几乎就像一片亚马逊流域的枯叶子，当有鱼进入真

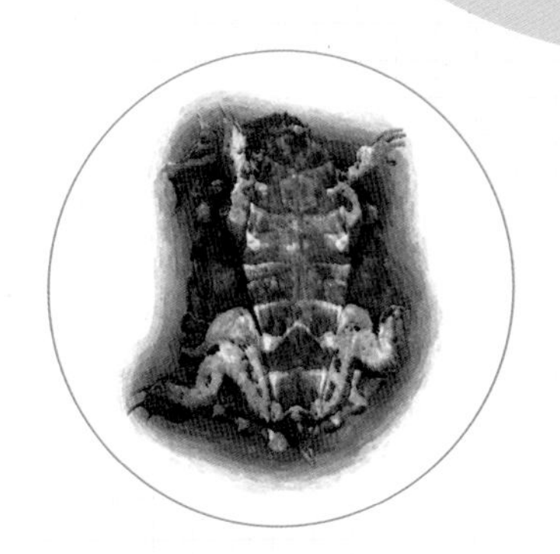

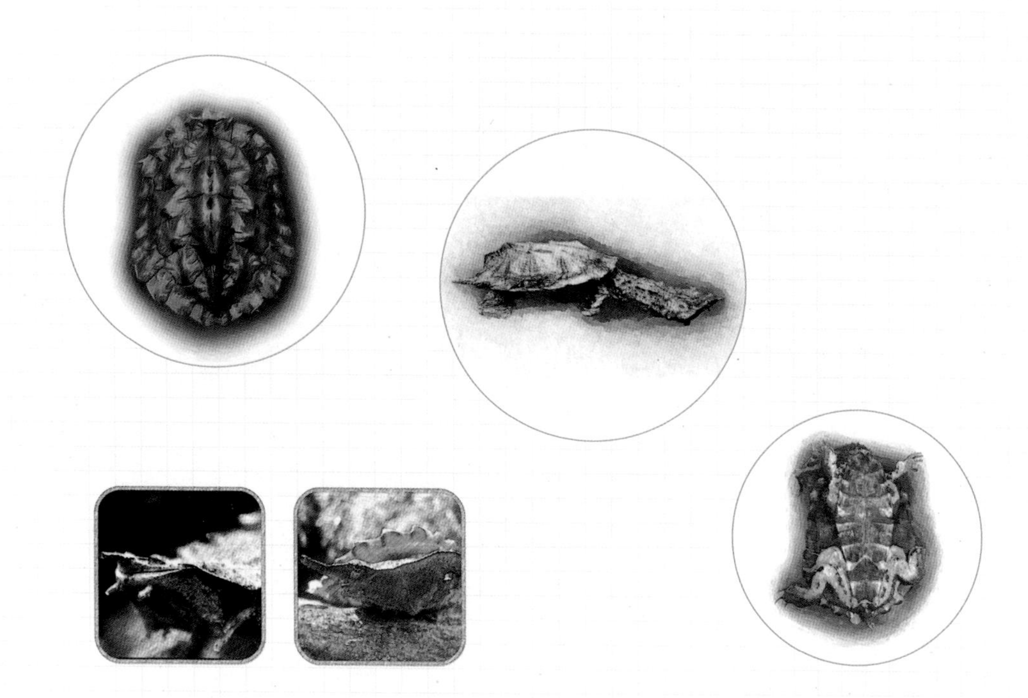

空捕捉范围时，它就会以迅雷之速，张开微笑的大嘴，冲向猎物，此时因为肌肉群的突然张开，硕大的脖子能在一瞬间制造出一种真空的特殊效果，由于水压的作用，周围的水和猎物都会瞬间被挤进真空的口腔内，几乎百发百中，虽然嘴咬合力很弱，口腔喉咙也没有很强大的绞杀能力，但是只要闭合双颌挤出水，就会把猎物留在口中，靠着颈部有力的肌肉收缩把猎物挤进胃中，这就足够成为“微笑狙击手”。

（1）喂食

由于玛塔龟从不咀嚼猎物，所以在选择食物的时候，首先不能太大，一般家庭饲养，幼体时，可以以红绿灯、孔雀鱼、红斑马等作为主食，一般玛塔都喜欢猎取活鱼，但是也可以驯化吸死鱼，用镊子夹着鱼的尾部在玛塔的面前来回的晃动，这样它也吃，或者也可人工喂食。玛塔超过一定大小后，就可以开始喂更大的鱼或者泥鳅了，以轻松吞下为宜，宁可多吃几条，也不要食物过大，在食物的保证下，玛塔龟的食量很大并且以惊人的速度成长，因为体型大，生长快，食物的消化吸收会比一般龟来得更彻底，因为龟的代谢很缓慢，所以要给予足够的时间来消化食物，这样就会显得玛塔龟不怎么大便，或者说大便频率很小，一只超过30cm的亚成体玛塔龟，大概要十几天到半个多月才拉一次大便，越大的玛塔，这个频率就更小，超过一个月一次，甚至更长。

（2）饲养水环境

玛塔龟虽然是深水高度水栖大型龟，但是它的泳技真的不怎么样，甚至宽大的三角脖子，有时候也会成为累赘，龟友中，很多因为过滤泵吸力过大，导致玛塔龟脖子被吸住，所以把过滤泵和龟通过间接的方法隔离出来是很有必要的。水位尽可能以玛塔龟轻松伸长脖子能呼吸到空气为佳，环境尽可能大，如果加热，加热棒也要隔离，否则有烫伤脖子的可能。

玛塔龟最理性的水质是保持在pH5.5 ~ 6.0的范围。人工个体虽然对水质不敏感，不过还是要比较注意，以免水土不服。弱酸水可以去水族店购买黑水，也就是浓缩的亚马逊水，按照剂量稀释滴加，也可以放几片榄仁叶，用来调节水族箱酸碱性，如果是草缸，有沉木等造景，过滤强大的老水养，那也是可以的，一般老水都是弱酸性。

24　黑腹刺颈龟

黑腹刺颈龟，外号狼牙棒，南美洲刺颈龟属，虽然市面上看到不多，玩家也很少收藏这类，但是依然阻挡不了它成为大家心中VIP龟宠。

黑腹刺颈龟有四个兄弟，分别是体型最大的大头刺颈龟，龟宠界更贵族的歪脖狼牙棒——紫红刺颈龟，以及巴西放射刺颈龟和潘塔纳刺颈龟，这两兄弟因为稀少，外加没有狼牙一样的脖子，故很少出现。

单说黑腹刺颈龟吧，成体有20cm背甲，颜色暗淡黑溜溜的，幼体时候，特别鲜艳美丽，从脖子下方到腹甲有不规则的红色斑纹，很漂亮的小家伙，眼睛大大的，细脖大脑壳。加上圆溜溜的大眼睛，与狼牙棒的外号相距甚远。歪脖一般都是不能冬眠的。黑刺不爱游泳，比较爱晒壳，浅水可以用套缸加温法。如果深水，一定要有浮台、晒台。切记不要混养，一条大长脖子露在外面，很容易被其他龟误以为火腿肉。

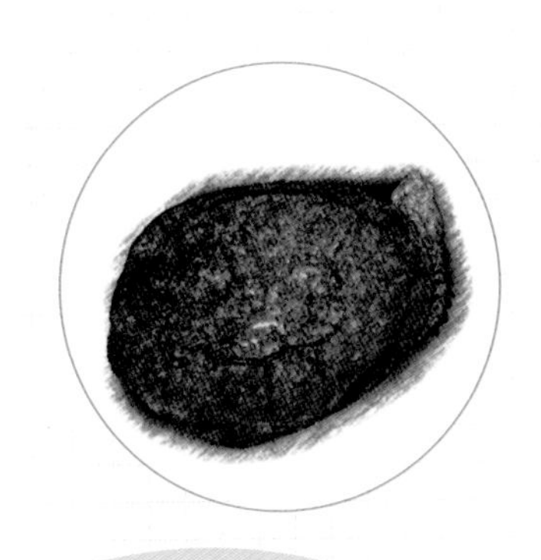

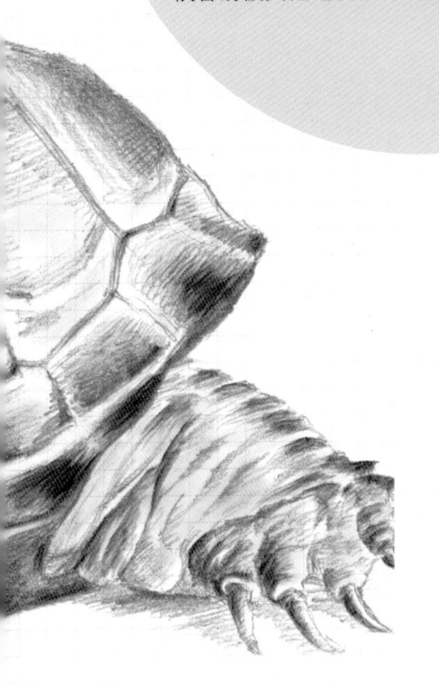

萌萌的歪脖狼牙棒，幼体还是很弱小的。因为生活在亚马逊酸性水域，因此对于水的酸碱度十分敏感，特别是野生个体，如果水质酸性低于pH5.5以下，龟甲和皮肤都容易出现剥落和脱皮的现象，所以最理性的水质是要保持在pH5.5 ~ 6.0。人工个体虽然对水质不敏感，但还是要注意，以免水土不服，因为美国繁殖业者同样是以微酸的水质在饲养的。弱酸水可以去水族店购买黑水，按照剂量稀释滴加，也可以放几片榄仁叶。如果是草缸，有沉木等造景，过滤强大的老水养黑刺，那也是可以的，一般老水都是弱酸性。pH测试纸还是有必要的。

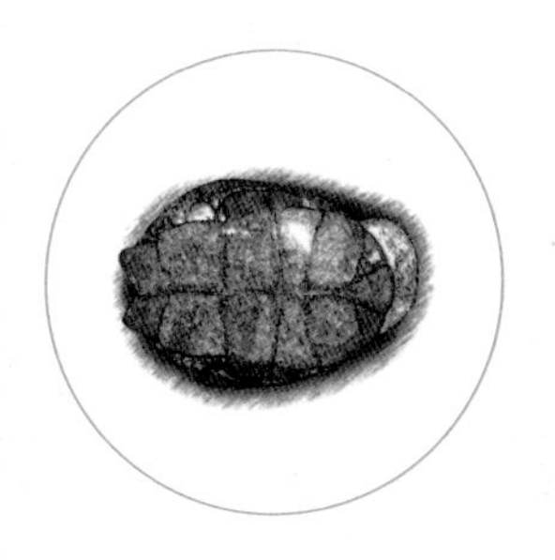

雌雄的辨别以尾巴的大小来分辨，雄性尾巴粗大，雌性尾巴短小。黑腹刺颈龟的繁殖难度也不高，只要环境条件配合正确，每年都可以产下2 ~ 3窝蛋，每窝有4 ~ 5颗蛋。孵化期大约150天以上，是比较困难的部份，最好先经过2 ~ 3个月22 ~ 23℃的寒化休眠期，再进行交配，产卵的成功率和孵化率会比较高。

25 猪鼻龟

猪鼻龟,更准确地说，是鳖类，是两爪鳖科下两爪鳖属的唯一一种，所以也叫两爪鳖,飞河龟。2004年，首次登上世界自然基金会公布十大濒危物种，名列第五。保护等级为 CITES 国际贸易公约附录Ⅱ级。曾一度被认为是世界上最稀有的水龟之一，但是后来研究表明，猪鼻龟在当地原产地颇为普遍，种群数量有一定保证，所以猪鼻龟进入国内后，价格虽有波动，但是十几年基本上维持同价。

（1）特点

猪鼻龟是一种高度水栖的淡水龟类，除了产卵以外，常年生活在水中，就连睡觉也是在水底，可以通过皮肤，口腔内壁进行水中氧气交换。故而四肢进化为像海龟那样的鳍状肢，并且爪子退化，只剩两爪，这是猪鼻龟最大特色之一。还有一个特色，就是鼻孔长而多肉，很大很宽，形似猪鼻，“猪鼻龟”美誉由此得来。猪鼻龟成龟背甲的长度一般可达46 ~ 51cm，体重一般在18 ~ 22kg，是一个确确实实的大家伙。目前为止发现的最大的一只猪鼻龟的背甲长度达到了56.3cm，体重则达到了22.5kg。猪鼻龟背甲较圆，呈深灰色，橄榄灰或者棕灰色，近边缘处有一排白色的斑点。边缘略带锯齿，由于外缘骨骼发育良好，结构完整紧密，故而没有像鳖那样的裙边。也没有盾片，这也是既有人叫它鳖，又有人叫它龟的原因。全身颜色较为单一，并且全身布满连续并且略带皱褶的皮肤。背甲正中有一列刺状嵴，背部比鳖高耸。身体腹甲色浅，为白色，奶白色或淡黄色，幼体是红色，橘红色。四肢头尾活动幅度很大。头部大小适中，无法缩入壳内，这个也和绝大鳖类不同。眼睛的后方有一条灰色的条纹。尾部偏短，背面覆盖着一列新月形的鳞片，这些鳞片从尾巴的基部至尖端逐渐缩小。尾部下方的两侧长有明显的皮肤皱褶，经大腿根一直延伸到后肢。成年雄龟的尾部比较长大，泄殖孔的位置也比较靠后；而雌龟性的尾部则较短小。

（2）环境

饲养水质至关重要，一般养龙鱼的缸，水质都不错，除了要强大的水循环过滤系统装置外，最好配备一个紫外线灯，定期开启，通过UVC波段，杀灭一些会腐皮的细菌以及一些微生物。特别是刚来的猪鼻龟，因为没有龟甲的保护，只有软软的一层皮质。难免会受到外伤，如果水质不好，水中的细菌、微生物会对伤口造成感染，甚至发炎溃烂，一般成白色。一旦感染就有死亡的可能。所以，配备的设备，要像对待大型热带鱼那样，只多不能少。除此之外，猪鼻龟原生活在温暖的澳洲，是不冬眠的，除非是在热带地区，不然加热棒是必需的，而且至少要备有两根，瓦数功率要能满足鱼缸的大小。

（3）喂食

猪鼻龟是个杂食主义者，就像猪一样，可谓是来者不拒，幼龟为了快速生长，更倾向于肉食，小鱼、小虾、泥鳅等游泳迅速的食物，对于憨态可掬的猪鼻龟来说，很难捕捉到，更别说它也懒得去捉，所以喂的时候最好把鱼尾巴剪一下，让它们捕起来更容易一些，或者直接切断投喂。也可以尝试喂水龟饲料，但不是所有的个体都接受。成体后，慢慢偏向于植食，平时可投喂红薯叶、桑叶、油麦菜等绿色蔬菜，以及无花果、苹果、香蕉等水果，间或添加少量的鱼虾等动物性食饵。也可投喂人工合成的鱼饲料或龟饲料，并要适当添加钙质和维生素。每次喂食结束后，应用网兜将食物残渣打捞干净，以保持水质的清洁。喂食香蕉等容易使水质变坏的食物时尤应如此。

在捕食方面，猪鼻龟是十足的机会主义者，遇上什么就吃什么，若非营养不够，它们很少会主动捕食。这也是放心混养风水鱼的优势之一。值得注意的是，千万不要与清道夫（带吸盘的鱼）混养，如果猪鼻龟有外伤，会被其破坏皮肤表层，造成二次伤害，导致皮肤溃烂。建议用彩虹鲨（红尾鲨）这类小热带鱼，嘬力小，频率高，对猪鼻龟没有伤害，还能很好地给猪鼻龟清理背甲。另外猪鼻龟是少数几种可以生活在海水里的龟，严格来说是汽水，半海水半淡水的海洋入水口。所以选择酸碱度8.0 ~ 8.4为佳，加上猪鼻龟有挖掘底砂的习性，所以一般裸缸多，裸缸需要在过滤槽里放入珊瑚石。如果要放垫材，以能碱化水体的珊瑚沙为主。细珊瑚沙方便猪鼻挖掘，而且因为表面平滑，不容易挫伤猪鼻的表皮；细珊瑚沙偏碱性，能够将水质调节成弱碱性，当然除了细珊瑚沙以外，其他如铁胆沙，细颗粒砾石、细沙子等也能用作饲养猪鼻的底材。

（4）选购

选购猪鼻龟时，千万不能用手抓，这种龟，一般都是象出售鱼类那样打包运输的，一个透明的塑料袋内，一半水，一半是氧气瓶里的氧气，因为猪鼻龟的皮肤很稚嫩，接触病菌的手和尖锐的指甲，都是有可能造成炎症。切记切记，除此之外，和其他龟一样，要选择活泼爱动的猪鼻龟，腿脚要有力气，眼睛要睁着的，皮肤要干净并且无腐皮，皮肤有白色点的不能要。如果卖家饲养猪鼻龟所用的水质很差，极有可能龟体已经受到细菌的感染，也不宜购买。猪鼻龟最好能当场吃东西。挑选好龟后，请教卖家平时给龟的食物，免得在饲养时会遇到很多不必要的麻烦。还有最后一点，如果有耐心，最好是商家进货后的一周后去拿龟，这样，经过一个炎症抵抗期，一般有病的龟，已经开始腐皮生病，而还能吃食、健康的龟，就算严格意义的安全龟了。当然，能过一个月，就更稳定了。

26 三线龟

三线闭壳龟，家喻户晓的金钱龟就是它了，经常出现在各大新闻、经济频道中，是出口论吨计算的具有特殊经济价值、特殊药用价值、特殊观赏价值的明星龟。由于被认为具有治癌及其他医疗作用，被疯狂捕食，数量急剧减少，已被列为我国重点二级保护动物，中国濒危动物红皮书等级极危。但是人工个体繁殖场数量还是很饱和的。甚至基本上只局限于食用，作为宠物，还是比较少的。

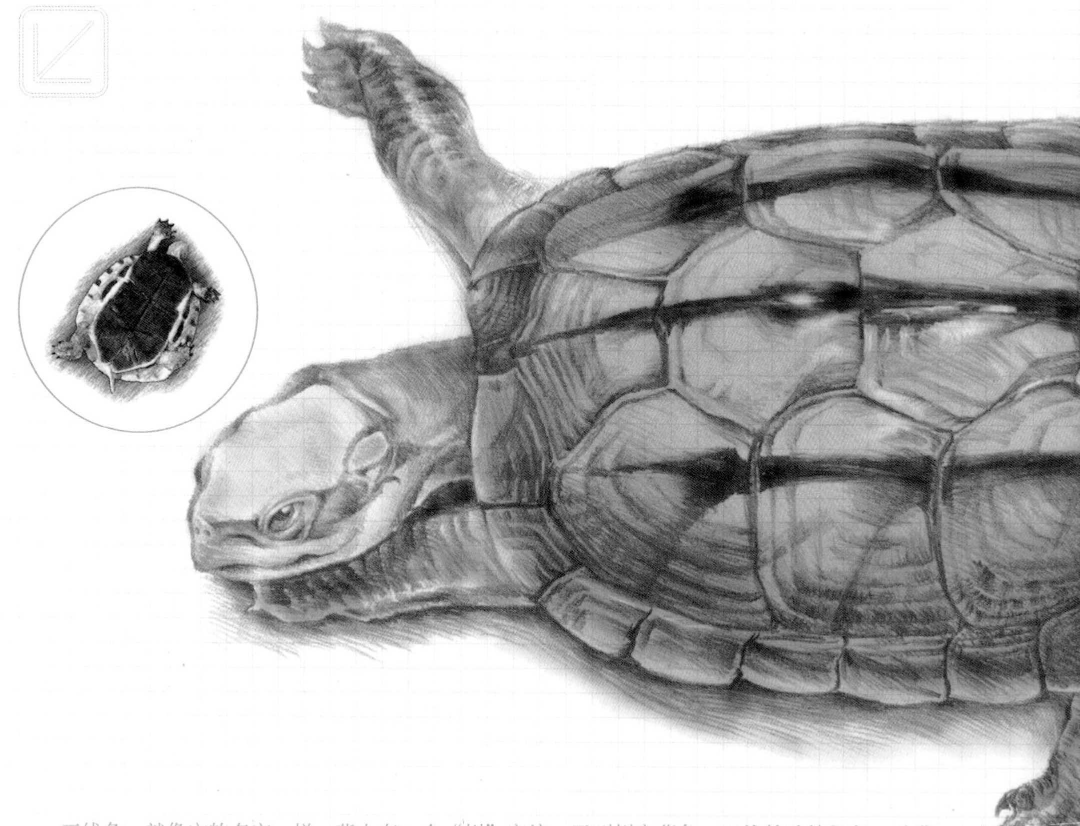

三线龟，就像它的名字一样，背上有一个“川”字纹，又叫川字背龟。三线的头较细长，头背蜡黄，顶部光滑无鳞，喙钝略微钩状，也叫金头龟。喉部、颈部呈橘红色，脖子根部、四肢、腋窝、尾部皮肤都是橘红色或者红色、红褐色，所以又叫红边龟、红肚龟。头侧眼后有菱形褐斑块，从鼻端到眼后一直延伸到颈部有黑线连贯。背甲为红棕色，三条黑线正好是脊盾、肋盾的脊棱连起来。腹甲间、胸盾与腹盾间均借韧带相连，不但可以完全闭合，而且夹合力道很大，可以轻松夹死老鼠、蛇，所以三线也叫断板龟。

（1）三线龟的分类

①广东三线

头顶部呈现青黄色，两边黑斑对比强烈，形成“缨枪头”的图案，相比其他种，黑气重一点，腹甲几乎全黑，背甲略高，体型小，背甲无放射花纹，前窄后宽呈梨状，背甲后缘展开。

② 广东三线

有五大类，分别是福建种、广东种(两种)、香港种、珠海种，因为区别很小，鉴别有点困难，这里就不阐述了。

③ 海南三线

头顶部特别黄，黄的纯度很高，金黄色，很漂亮，俗称“大黄头”，也呈“缨枪头”的图案。背甲也略高，前窄后宽，最重要的是三根黑线周围呈放射纹分布于每个盾甲。整个背甲颜色、头部颜色，都要比广东三线鲜艳。因为和广东三线是一个种，很多地方还是很像的，同样也是纯黑的腹甲地板，但是能看出拉丝放射的纹理，与背甲放射纹呼应。

海南三线在养殖上分为三大类：

● 海南土种黄头三线闭壳龟，身体部分有放射纹，底板全黑。

● 海南西线大黄头三线闭壳龟，头色金黄，黄色部分宽大，黑线细小，皮肤橘红。

● 海南西线红缨枪三线闭壳龟，头色金黄，头的黑边粗，宽头、大嘴，尖壳有放射纹，底板有黑底和花底两种。

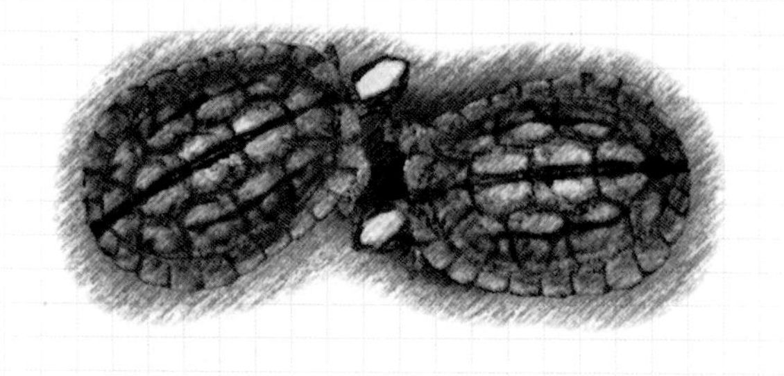

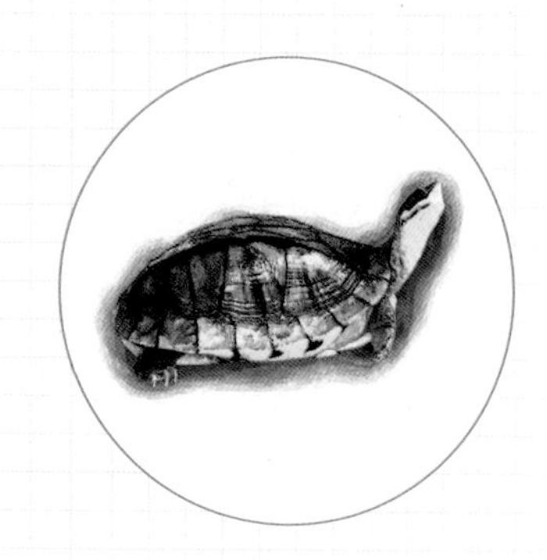

④ 越南种三线

也就是丽圆闭壳龟，形态颜色有着很大的区别，头顶部为标准的橄榄黄色，脸颊、下颚、四肢非常红,特别是脸，独有红耳、红面。不但肉色皮肤很红，就连背甲也比其他种要红很多，除了体型比较大，壳并不是很高外，越南三线最大的特点是腹甲，大家常说的，米字底三线，就是指的它，特别是喉盾和肱盾，就像一个“米”字上半部分，而胸盾、腹盾、股盾、肛盾普遍黑斑比较大，大多中间有放射生长纹。

越南三线在养殖上也有三大类：

● 第一类头色是青灰色，下巴脖子是鲜红色，底板的下半部是黑色或中间有点花样射纹，上半呈现米字样，这就是大家说的“越南米底”。

● 第二类头色青灰，下巴脖子颜色鲜红，底板全黑。

● 第三类头色青灰或全青，下巴白色，脖子是黑或白色，底板全黑或黑边中间有花样放射纹。

（2）喂食

三线龟属于杂食性，自然环境中，主要捕食水中的螺类、虾类、水生昆虫以及蝌蚪、泥鳅。同时也会爬上岸边，吃幼鼠、蛙类、蜗牛以及其他昆虫。对于掉落的瓜果、植物嫩茎叶也会取食。人工条件下，可以提供相仿的多样性食物，家禽肉、杜比亚、面包虫、各类动物性食物，南瓜、香蕉、油麦菜等也可以切碎混入肉中，水龟、半水龟粮也是不错的营养补充。也可以自制龟粮，混合虾、螺、蚌、蚯蚓、鱼、南瓜、菜叶等，按比例混入一定的养殖用的生育粉、矿物质、多种维他命，打碎搅拌，最后高温烘干加工成颗粒饲料。脱水后，密封冰冻冷藏。投喂过程，要坚持定质、定量、定时、定点。有过气、保存不当发霉的食物，需要立即停喂，废除舍弃。要保证水质和食物健康无污染。为了保证食物不污染水质，一般都放在食台上，由龟自行取食，以三小时为限，吃不完的要及时清理掉，并打扫干净食台。

（3）生活习性

自然界中，三线龟是夜行动物，栖息于山区溪流附近，这种环境阳光充足、水质绝佳，白天在洞中，傍晚、夜晚出洞活动。三线闭壳龟有群居的习性。在人工饲养条件下，三线闭壳龟的生活习性已被改变，白天活动较多，夜晚栖息在水底或爬在岸上。这个也是因为食物充足，又没有天敌的缘故。而且日行性增加了它们日光浴的时间，随着温度的变化，三线龟也有冬眠的习性，当环境温度达23 ~ 28℃时，龟活动频繁，四处游荡。15℃以下时，龟进入冬眠。15℃以上时苏醒。一年中，4 ~ 10月为活动期，11月至翌年4月上旬为冬眠期，北方冬眠的温度不宜过低，一般不要低于10℃，南方地区的冬眠时间较短，一般为12月至翌年2月。

（4）繁殖

野生的雌性龟，性成熟年龄为6 ~ 7龄，体重1250 ~ 1500g；雄性龟性成熟年龄为4 ~ 5龄，体重700 ~ 1000g。在人工饲养条件下，由于饲料营养丰富，龟生长速度加快，性成熟提前。雌性龟性成熟年龄为5 ~ 6龄，体重为1500 ~ 2000g；雄性龟性成熟年龄为3 ~ 4龄，体重1000 ~ 1500g。

到了成年，在气温20 ~ 28℃、水温16 ~ 25℃的春天，或者气温16 ~ 25℃，水温20 ~ 28℃的秋天，三线闭壳龟进行交配。

交配时多在浅水地带。受精要等到下一年。一般产卵季节为每年的5 ~ 9月，气温达25 ~ 30℃。在产卵季节，龟一年产卵一批，少数个体大的龟产2次卵。龟产卵多在夜间进行，上岸后选择沙质松软的地方，先挖窝后产卵，初产卵的龟每窝产卵1 ~ 2枚，一般产卵数量为5 ~ 7枚。卵呈白色，椭圆形。卵长径40 ~ 55mm，短径24 ~ 33mm，卵重18 ~ 35g。产蛋池要做到隐蔽、安全，产蛋媒介可以用黄沙，需要杀菌消毒，可以用高温、暴晒漂白粉或新洁尔灭等消毒剂进行消毒。平时注意防止猫、狗等对孵化的蛋以及稚龟的侵害。

27 金头闭壳龟

金头闭壳龟，中国七大闭壳龟之一，因其头部呈金黄色而得名。龟中贵族，因极其珍稀，可谓声名显赫，知名度极高。金头龟全世界仅分布于安徽南陵、黟县、广德和泾县等皖南地区，是我国特有的珍稀品种。又名金龟、夹板龟、黄板龟。

（1）特点

① 金头

从名字就能很容易分辨出，首先是纯金色的头部，杂色非常少，特别是在黑褐色泛红的背甲映衬下，显得更为金灿灿。闭壳，腹甲胸盾和腹盾之间有韧带相连，可以自由闭合、开关，虽然幼体并不发达，但是随着长大，闭合的力气越来越大。

金头龟背甲虽然颜色比较暗，但是背甲脊盾呈鲜艳的红色，通常从脊盾第二枚开始，到第五枚，红的程度不同，有的一直红到底，有的最后几个不是特别红。也有的龟，中间会有不同程度的间断发红。这个红色和两侧深色的肋盾形成了反差。还有一个特征就是肋盾，第二枚会有红色斑点，左右各一个，有的甚至有四个红斑，这也是金头龟背甲的特色，品相好的金头甚至颈盾都是鲜红的。

② 腹甲

金头的腹甲也是非常奇特的，以花纹元素变幻多样而闻名，就像其他带花纹的龟一样，每只金头的腹甲花纹各不相同，几乎找不到两只花纹相同的金头龟，这也是区分每只龟的依据。从花纹的构造来看，金头龟的腹甲斑纹基本上成对称的，就像一幅水墨画，细看纹路略为洒脱、豪放，对称中隐藏着不对称。

腹甲斑纹分为三个部分：

● 喉盾肋盾呈两个下垂的八字形小“耳朵”；

● 胸盾腹盾大体呈现一个近似书法的“王”字；

● 股盾肛盾呈现三条很粗的“竹叶”花纹，有的龟在下腹部“竹叶”上面还有两道对称的黑色斑纹。

这三个部分互不干涉，组成了金头自成一派的特有模板，而这个模板，从金头龟是苗的时候就已经形成了。只是随着年龄的增长，这个模板逐渐扩展，直至发育成年。虽然黑纹疏密程度、轻重缓急略有分别，但都属于个体差异，整体模板放射花纹万变不离其宗。

③ 排泄腔

金头的第三个特别的特征是排泄腔，只有金头龟的排泄腔也就是肛门，才具有黑色的斑块。

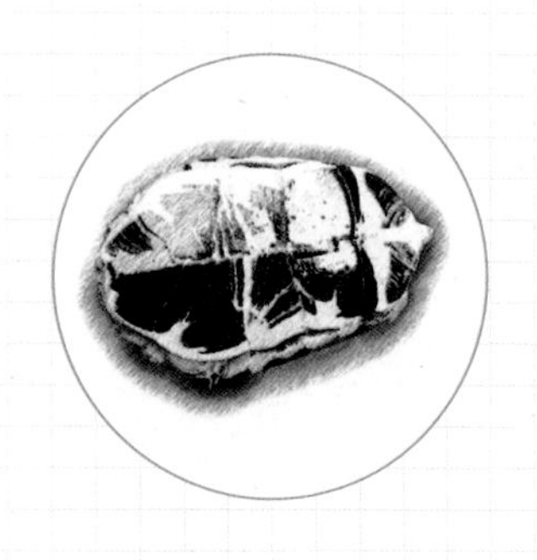

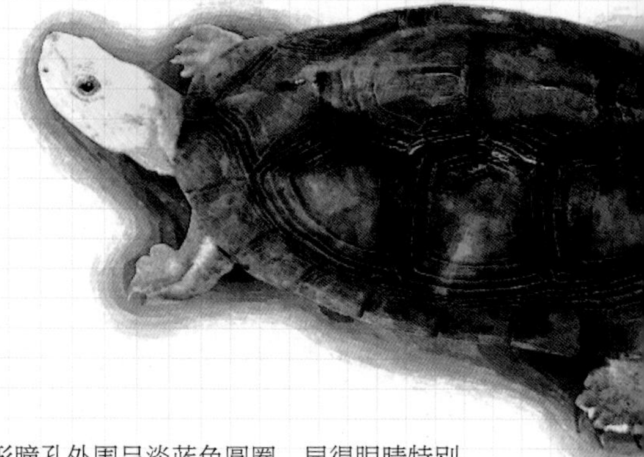

④ 眼睛虹膜

金头的眼睛虹膜极为特别，呈同心圆构造，黑色的圆形瞳孔外围呈淡蓝色圆圈。显得眼睛特别大而有神，蓝色配上金光灿烂的脑袋，显得格外漂亮。

除了以上特征外，金头龟有着其他小型水龟的众多特征，例如雄性略小于雌性，雄性78 ~ 127mm，而雌性能长到109 ~ 152mm甲长，头部平滑，背甲圆润，四肢覆有鳞片，前肢五爪，后肢四爪，指趾间蹼发达。尾较短，幼体略长，圆锥状。

（2）环境

金头闭壳色是非常漂亮的国产龟，也正是因为国产，饲养上的适应性比较强。在传统的饲养方式中，简单的一个容器、一块晒背石、每天换水，就能够养活。但养活与养好是两个不同的概念，要有更好的观赏性同时能够繁殖，因此在环境的设置上要有更科学的安排。

在饲养环境的布置上，首先要有足够的空间，但也不能太大。太大的空间让龟容易躲藏，经常不与人接触或者看不到人，会导致龟怕人，互动性降低，不容易观察龟的进食。对于纯观赏，每只成体饲养空间在0.5m^2左右。而对于分组繁殖的成体龟来说，1.5m^2饲养一组比较合适，水深控制在25 ~ 30cm，水域内设置浅水区和晒背台。有充足的日照，以及空气的流通。

水质的维护也分很多种，裸缸外加过滤是一种简单有效的办法。但是原生态的模拟环境应该更适合金头龟。特别是野生金头龟，会让它有一种更惬意的感受。这种环境应该有水流、底砂、河泥、水生植物、沉木以及小鱼小虾。当然，环境应该是稳定的、平衡的。

（3）食物

食物的多样性，营养的均衡全面是保证幼龟茁长成长、种龟稳产健壮的根本。人工饲养环境下，尽可能贴近原生态的食物模式。以小鱼小虾为主，尽可能换多的鱼肉品种。可以冰冻分袋，定时定量投喂，螺肉、蚌壳肉、蚯蚓、蝌蚪、泥鳅肉都可喂食，速冻鸡胸肉、鸡腿、鸭心也是不错的选择，牛肉、牛心，还有作为宠物饲料的面包虫、大麦虫、杜比亚、殷桃小强，甚至花园里抓到的大青虫、蝗虫、均可以喂食。准备一瓶口碑好的水龟龟粮，可以定期少量投喂，以均衡缺少的营养元素。

（4）繁殖

既然是安徽特有品种，那非常适合我国绝大多数地区的环境，金头龟冬眠期为6 ~ 7个月，人工冬眠，只需要在气温渐冷的时候，移入到室内饲养，只要温度高于0℃ (10℃为佳)，就可以安然越冬，不要因为怕冬眠危险而盲目加温，过多的加温，会导致性腺的停滞，影响产蛋的受精率。

在安徽原产地的气候条件下，雄龟通常只要体重达到120g以上，即已性成熟，会出现追逐雌龟的行为，但要作为合格稳产的种龟，则需达到150g以上,龟龄达到15年以上。北方饲养者多反映体重达到或超过150g，仍然没有求偶行为，似乎没有成熟，这是因为北方冬季温度很低，但是都有暖气，室内非常温暖，无法给金头龟提供冬眠的环境温度。饲养者通常都采用加温饲养法，龟无法进入冬眠状态，并且不断进食。科学研究表明，未冬眠的龟，其内分泌系统会紊乱，造成促性腺激素的少分泌或不分泌，这样便造成龟的体重不断增加而性腺却发育迟缓或不发育的情况，所以龟体重达到或超过150g后仍不发情。这也是养殖场的龟无法作为种龟的原因。有冬眠习性的龟，冬眠是必不可少的。

雌性金头龟要比雄性大很多，通常达到500g以上，龟龄15岁，才能达到合格稳产。人工饲养的雌性金头龟体重通常要高于野生龟，甚至达到800g。如此看来，必要的冬眠、合理的冬眠环境是金头种龟的必要也是关键条件。

每年春季4月、5月和秋季9月、10月是金头闭壳龟雌性的发情期，雄龟没有一定的发情期，只要不是冬眠，但凡有雌龟发情，雄性就会随之发情。

雌性金头龟产蛋日期为6 ~ 8月份，分一次到两次产卵，每年产卵4 ~ 8枚。两次产卵间隔20天左右。产卵前，雌性金头龟会有两周左右时间食欲下降，少食或者完全停食，白天休息不动，傍晚则会活跃，四处爬动，寻找隐蔽合适的产卵场地。产卵前，会有几次尝试挖洞，但并不产蛋。经过几次测试，确定确实适合产蛋，并且没有干扰的时候，便会正式开始产蛋，一般产蛋前会撒一泡尿，疏松产蛋区，然后挖出一个口小底部大的卵穴，穴深度一般为15cm左右，产完蛋，雌性金头龟埋沙土，压平，直到看不出，便会离开产卵区。

龟蛋从产卵处取出后即入孵化箱开始孵化，孵化介质以黄沙、蛭石为好，可以用大的饭盒作为孵化容器，或者用整理箱，带盖，打几个孔（一般为四个），这样既保证了空气的流通，又能保证湿度。孵化介质宜厚不宜薄，通常以10 ~ 25cm深为宜。把蛋横卧，间距2cm左右，按照顺序依次排开。埋蛋方法很多，可以全埋，也可以半埋或裸孵。而孵化成功的关键是温度与湿度。当恒温28℃时，65天左右可孵出稚龟；32℃时，60天左右便可孵出。温度过高，虽然孵化时间缩短，但是容易产生错甲和畸形。湿度太高，容易涨爆、开裂。湿度太低，则会因缺水而停止发育。

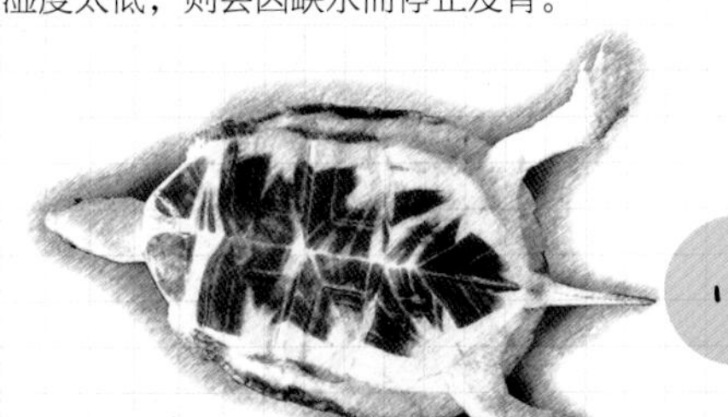

28 庙龟

黄头庙龟，简称庙龟，别名黄头龟，一种胆子很小，又爱吃素的大型水龟。曾经是泰国寺庙里的龟，庙龟名字由此得来。很多人会以为是陆龟，甚至常冒充千年山龟出售。庙龟是国际濒危物种，中国国家二级保护动物，庙龟与西瓜龟和泽巨龟并称为亚洲体型最大的“三大水龟”。目前市面上出售的成体，几乎为野生庙龟，野生庙龟的饲养难度较高，不建议新手饲养，虽然这几年庙龟价格很便宜，因为种种原因，很少有龟友继续养下去。目前市场上可见到子一代人工苗，饲养难度较低，可以尝试，当然价格目前还挺贵，但是从养活、养好的角度来考虑，还是人工个体更合适。

庙龟头部底色为黑色，侧面及眼眶处有不规则的黄色横向条纹，头部散布着黄色的小杂斑点，眼眶黑色有黄色碎斑点，上颌中央呈“W”形，且具有细小的锯齿。头侧部无明显纵条纹。头部在整个身体中是最黄的，黄头庙龟名字由此得来。背甲隆起较高，呈黑色，腹甲黑色到黄黑交杂，个别为淡黄色，四肢灰褐色，指趾间具蹼，有较强的游泳能力。尾部为肉灰色，长短适中。雌雄鉴别：雄性腹甲中央凹陷，尾粗且长；雌性腹甲平坦，肛孔距腹甲后边缘较近，尾短。幼体后缘略呈锯齿状，随着年龄的增长逐渐钝圆化。腹甲前缘平切，后缘缺刻。体形尺寸可达50cm以上，最大体重可以超过20kg。

(1) 入手龟的静养

刚买回家的庙龟，要先调理好状态，首先是静养，庙龟一般总是将头缩进龟壳里不出来也不开食，傍晚或夜间爬动较多，受惊后会发出“呼”的喘息声。绝大部分野生庙龟身上带有寄生的水蛭，需要用清凉油、风油精或碘伏等药物涂抹去除，切不可直接硬拉硬拽，也可用高锰酸钾溶液或浓食盐水浸泡，少数人用洗衣粉水浸泡，也取得明显成效，但由于洗衣粉有较强的侵蚀性，建议慎用。

两只或两只以上的庙龟，应单独饲养，除了预防寄生虫的感染外，还能方便观察是否开吃，对已熟悉环境且开食的龟，应逐渐驯服使其不怕人后，再与其他龟混养，这样可避免弱者受欺的现象。而且经过长途旅行，多少有点体虚，静养期间，尽量有躲避物，不要打扰它们。甚至可以饿几天，这样更能调动其对食物的兴趣和渴望。庙龟的成长速度较快，在食物、光照、温度保证的情况下，年增重可达1kg以上，所以在饲养之前要有思想准备，想好有没有足够的饲养空间给龟龟，是否喜欢其杂食，甚至爱吃菜叶的习性。

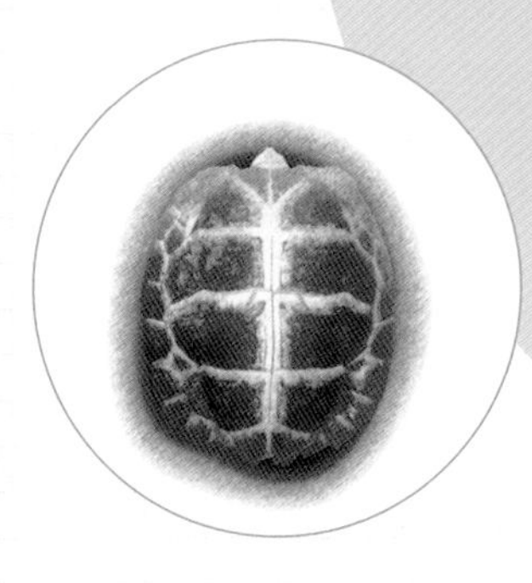

（2）喂食

虽然是杂食性水龟，但是与其他水龟不同的是，庙龟更爱植物性食物，因此，平时投喂以青色的叶菜类为主食，配合水果类的辅助类食物就可以了。幼龟在快速生长期间，为补充营养，早日度过弱小的危险期，可以投喂鱼虾类食物及配合饲料。

（3）环境

庙龟原产地分布在东南亚，是当地特有的一种大型龟。生活在江湖、溪流，能短时间生活于海水中，但其也有一定的陆栖习性。庙龟的原生环境接近于热带气候，温度较高，休眠期很短。人工饲养，除了两广、海南、云南、福建南部，气温比较能适应外，其他城市的庙龟都建议加温饲养。江浙、湖南、贵州、四川、江西等地需要冬季加温，可以春秋短暂休眠。北方因为有暖气，庙龟就必须加温了，一般加温，指的是水体加温并且空气一起加温，一般空气略高水温两度。庙龟对饲养设备要求不严，各种大型水产箱、水池均可，但必须布置成“水陆”两便式，即在一个池中要有水的部分，又要安排有陆地休息的部分。

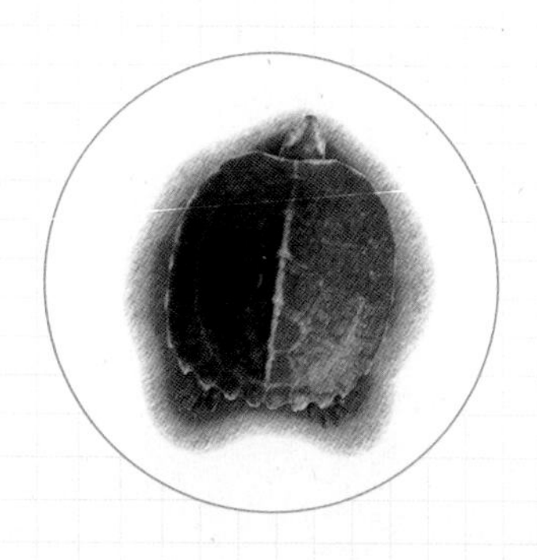

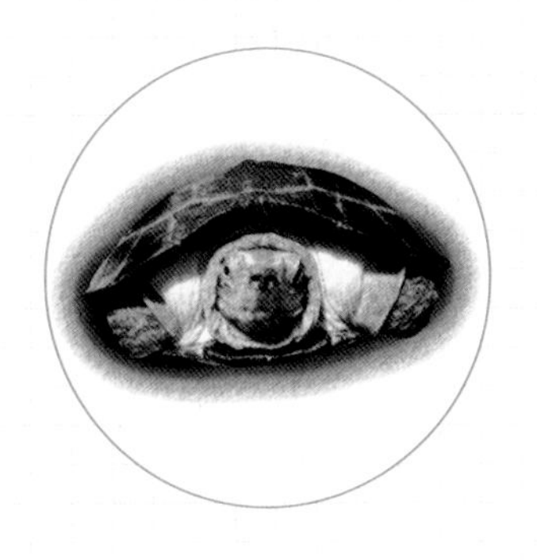

在日常管理中，温度、食物、日照是养好龟的关键。夏季，气温较高且稳定，温度在26 ~ 32℃可正常进食且消化、吸收、排便非常旺盛。初春、深秋之季，由于温度不稳定，饲养中掌握不好，极易出现病症，这个时候，切记，一定要以室内饲养为好，一般18℃以下，不喂食，20℃左右喂食后，环境温度需保持在23℃以上，不能长时间低于20℃，若喂食完，突然降温到20℃以下，甚至降到17℃，将有肠炎的可能，严重会暴毙，这个时候必须加温，以确保度过危险期。若无条件加温，则必须降温前停食。做到空腹，迎接冬眠，冬眠期间无须担心龟会饿死，只需保持一定的潮湿。浅水静养，过冬温度为10℃以上为佳，不能长时间低于5℃。成体庙龟过冬水深至颈盾以下即可，幼体可提升至背甲。过冬时，尽量多观察，预防水质污染变混，检查庙龟的后腿反应，温度也不要提高到17℃以上，否则，龟将苏醒爬动，消耗体力，对龟有害。翌年开春，切忌过早结束冬眠，预防春寒的反复，一定要等到夜间温度也超过20℃的时候，开始投饵。有条件的春季直接加温，结束冬眠，并且稳定早晚的温度。

二、半水龟

1　安布闭壳龟

安布闭壳龟（简称安布）是中国七大闭壳龟之一，条纹状的头部和可以完全闭合的龟甲，是它的主要特色。

安布分布于东南亚地区，我国在广东、广西居多，喜欢平原地区的沼泽、湿地、池塘、河流中的水荡以及水稻田等水流缓慢、底质松软的水域。幼体几乎完全水栖，成体偏好陆栖。共四个亚种，为灰安、黑安、扁安和线安。其中扁安分为两个地方种：菲律宾种和印尼种。线安由于分布区域狭窄，所以不分地方种。

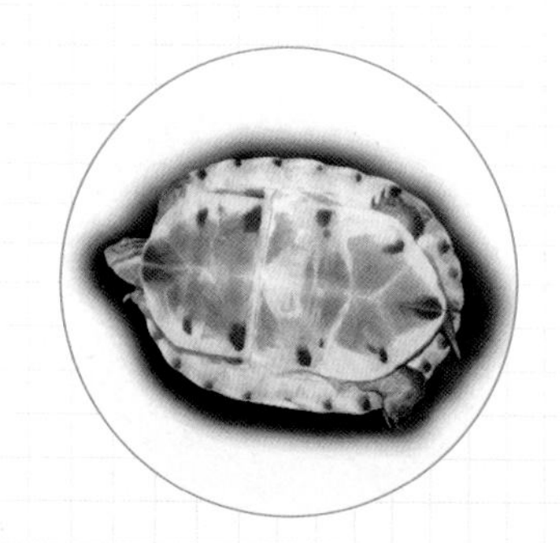

灰安，壳色呈灰色，带点黄，而且壳并不是很圆。底板较模糊，黑斑较小，头部的条纹色彩较淡。黑安头部和灰安亚种极其相似，特别是头色，几乎一模一样。最大的差异就是甲壳，黑安的壳特别黑，而且很圆，底板干净，黑斑明显，黑安和灰安是比较常见的安布闭壳龟亚种。线安头纹非常鲜亮，由于背甲中间有条很明显的黄色线纹，故而称为线纹安布；另外线纹亚种的底板黑斑较大。扁安更接近闭壳龟，通常身材扁平，产自菲律宾的亚种和印尼亚种的区别较大。腹甲黑斑属于四个亚种中最大的。头色也是最灰暗的。

随着其他闭壳龟价格的节节攀升，安布闭壳龟是唯一一种还没有被捧上高端席位的闭壳龟，目前市场上已经有一定数量的人工苗交易，而下山种龟、龟苗的交易量也日益上涨。对于广大玩家和养殖户来说，安布闭壳龟的前景以及潜力，让人着迷。

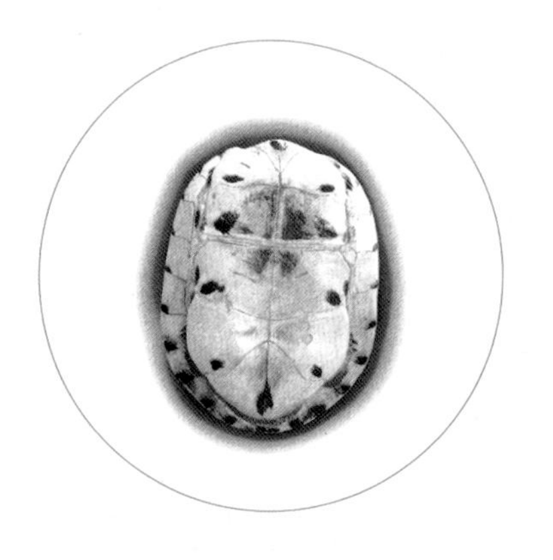

（1）挑选

安布售价不贵，四五百不等，是亲民、性价比超高的闭壳龟，其中扁安布和线安布是龟友时下追捧流行的，出售饲养的安布龟，都是手掌大小，一手可握，精致可爱，其中人工个体较为活泼好动，当然也有野生成年个体，会比较大，性格、外表品相也参差不齐。挑选时，首先上手后手感沉重，下水不漂浮或侧浮，最好是不浮；其中，侧浮又更差于后部浮起，如果上手重，下水浮，也有可能是它憋气在游泳。另外注意检查壳表面，尽量排除腐甲，特别是两侧缘盾跟肋盾之间以及甲桥绞合带附近，因为这个地方如果受伤，多半是受过重摔。检查背腹甲连接处以及前后两瓣腹甲连接处的韧带，不能出现韧

带腐甲状病变，如果有，有可能是体内开始炎症病变，比外伤腐甲要严重。甚至可以用手尝试轻轻用力掰开其闭壳状态，注意不要用力过大，闭合紧实有力为佳。对于离群、离水、头部耷拉者无力的龟不能买入。先挑出满意的若干，再重新筛选，这个时候要有耐心，在不惊动龟的情况下，观察其爬动状态，四肢任何一处无力、松弛，爬动不稳者淘汰。近看侧面观察头部、肢体，有显著腐皮、掉指甲、断尾者淘汰。观察精神状态，对于眼口鼻有明显分泌物或眼皮呈灰白色长闭状态者淘汰，眼珠灰暗无光者慎选。如果腿窝、颈部附近皮肤肿胀或带水肿者应淘汰。过度消瘦、眼窝凹陷者应淘汰。

（2）环境

购入后，就需要营造一个适合安布龟的环境了，东南亚和中国南方温暖气候特色的龟，需要一个温暖多湿的环境，它喜欢有陆地，有水域并且偏好水多一点，如果没有土养半水的条件，可以浅水饲养。也可以造景，雨淋式、田园式，都赏心悦目。当然也可以简约饲养，准备一个大小

面积超过安布六倍的整理箱、鱼缸、水池都可以。土养可以用椰土或者苔藓，也可以用山泥，作为保湿的媒介均匀铺在底部，然后放一个浅水盆，作为饮用水和洗澡池之用，每天勤换，在一个角落放一块瓷砖作为餐厅，反铺为好，既能磨磨爪子，又能避免误食椰土等杂物。

水养法，只需要干净的浅水，刚到龟甲的裙边即可，一两厘米深，勤换水，吃完食物，大小便后，都需要换水，马虎不得，虽然水养的准备比土养要简单很多，但是维护的保洁工作要比土养频繁很多。

（3）喂养

安布龟在野外会以昆虫、蜗牛、蠕虫为食，但是主食却是水生植物和水果，人工环境下，会很容易接受鱼肉，各种瘦肉，但是为了健康，还是要增加搭配各种绿叶素食和水果的比例。

（4）冬眠

安布龟是相当皮实、耐养的龟，甚至原产地无冬眠习性的它，也能在江苏以南有冬眠的记录，但是如果您的龟龟还很幼小，不够壮实，还是需要一个可以加温的环境来度过冬天。养定一年后，身体强壮了，才能冬眠，保险的情况下，还是三个月为准，以更贴近原产地的冬眠环境。

2　枫叶龟

枫叶龟还有很多名字，地龟是它的学名，因为肚子黝黑就像黄缘龟，所以又叫黑胸叶龟；公枫叶龟尾巴又粗又长，又叫长尾山；因为背甲的后缘盾具有十二枚很深的缺刻，又被称为十二棱龟。

小型半水龟，成体背甲才12cm，宽8cm，头部浅棕色，具有鹰嘴沟，眼睛非常圆并且大而外凸，自喙部上侧鼻端开始沿眼皮至颈侧有浅黄色纵纹。背甲金黄色或桔黄色，中央具三条嵴棱，中间一条较为明显宽大，前后缘均具齿状，后缘盾更为明显，共十二枚齿尖。颈盾前窄后宽，腹甲棕黑色，边缘呈规整的浅黄色，甲桥明显，腹甲前缘平切，后缘缺刻深。肛盾间有深缺凹。生长纹细密。后肢浅棕色，散布有红色或黑色斑纹，指、趾间蹼不算发达，游泳技术欠佳，水太深容易溺水。

枫叶龟被列入中国《国家重点保护野生动物名录》中，为国家Ⅱ级保护动物。

生活在山区丛林，溪流间以及山涧小河。以一半浅水，一半潮湿的湿地为主。水区最深处超过背甲两厘米，以此慢慢变浅直至变为陆地。

家养水区的水要保持干净，作为饮用和排便的场所，注意及时清理换水。陆区以椰土、苔藓为主，最好是无菌土作为底材，配合落叶，陈木等遮挡物，也可以放一盆绿植。一般在陆区进食，如果养熟了，也会主动讨要吃的。

（1）挑选

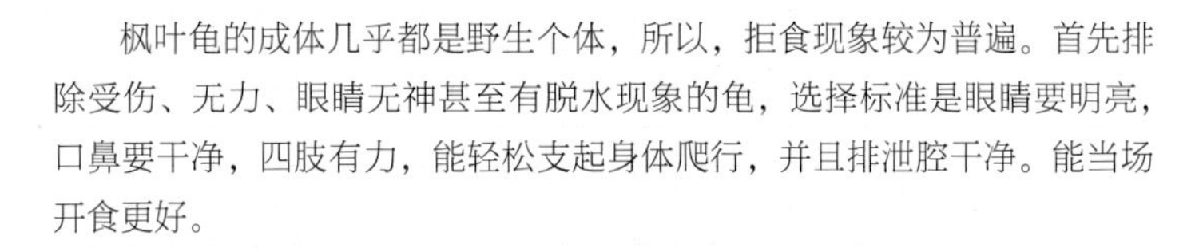

枫叶龟的成体几乎都是野生个体，所以，拒食现象较为普遍。首先排除受伤、无力、眼睛无神甚至有脱水现象的龟，选择标准是眼睛要明亮，口鼻要干净，四肢有力，能轻松支起身体爬行，并且排泄腔干净。能当场开食更好。

（2）喂养

环境做好后，以静养为主，尽量少去打扰枫叶龟，以一大早投喂昆虫蚯蚓为佳，比如杜比亚、刚退壳的面包虫，甚至乳鼠。也可以用西红柿、黄瓜。尽量做到每次都不一样，确保多样性，让枫叶龟及早开食。如果未吃，大概三小时到五小时，要及时清理剩余食物，以免污染环境。一旦开食，也就成功一半了，剩下来的就是消化问题了，很多枫叶龟开食了，然而未能消化，吃下去是啥，还拉出来是啥，这时候就要考虑肠道疾病了。首先要确定温度，在春秋忽冷忽热时，就要选择加温，爬箱加热为首选，其次套缸浅水加温。温度25℃为宜，继续静养为主，可以在水盆里放入妈咪爱、BAC等益生菌药。以保守法治疗，如果发现有寄生虫排出，也不要太紧张，等枫叶龟顺利开食后，调养一阵子，再用爬虫专用驱虫药驱虫。也可以按照一定剂量比例，根据龟的体重，用犬用或者幼儿、成人用驱虫药。遵循的原则是宁少勿多。

（3）冬眠

有冬眠习性，但是要确保健康个体，并且冬眠时间不宜过长。北方可以凭借集体供暖，加温开吃，温暖度过寒冬。江苏一带，最好春秋加温，缩短冬眠时间。避免冷热多变的恶劣气候。而原产地附近的城市，可以自然冬眠，苏醒。可以放地下室、车库，伴以潮湿的苔藓，椰土保暖。如果放置在房间，应该避免阳台、卫生间、生活间等温度不稳定的场所，并且能保证一周一次的检查。如果发现枫叶龟状态欠佳，有局部发炎感染，应该立即进入加温调养，结束冬眠。

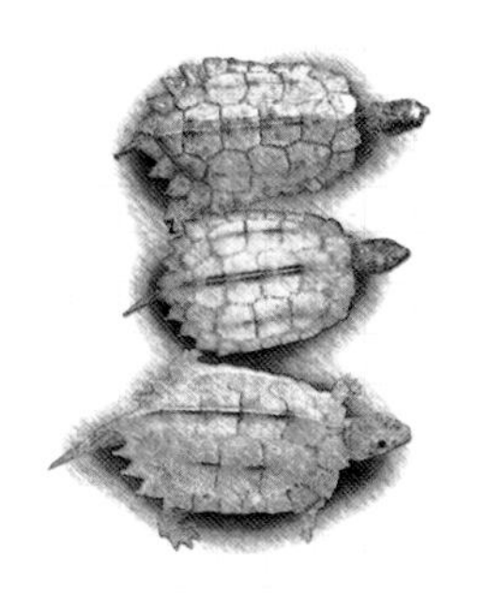

3　黄额盒龟

这是一种非常美丽的龟，有着赏心悦目的花纹和色彩艳丽的体色，还有饱满出众的体型。但却是在禁忌养龟名单里，因为黄额盒龟非常脆弱。

先说说黄额盒龟名字的由来，不管是五个亚种里的哪个亚种，黄额盒龟都有一个黄黄的下巴，也叫下额，黄额名字由此产生。至于盒龟，以前曾叫闭壳龟，后来随着鉴定的细致，从闭壳龟中肛盾只有一枚的划分出来，归类为盒龟，这就是为什么中国只有七大闭壳龟，而且不包括黄额盒龟的原因。

（1）外形特色

背甲上的图案可能有极丰富的色彩，大多数都是在椎盾处为棕色的区域，由中央往下则有奶油色的线纹。肋盾为耀眼的浅茶色，并可能带有斑驳的图案。缘盾则为对比强烈的深棕色。腹甲多为黑色或深棕色，也有黄底圆斑。头部是浅色的（奶油色、黄色、绿色或灰白色），两侧可能有黑色的窄条纹。下颚和颈部下方呈明亮的浅黄色。壳长10 ~ 18cm。头中等、头顶平滑、上颚缘平直不钩曲。背甲高隆，壳高为壳长的二分之一，看着非常饱满、高隆，背棱明显。腹甲大而平，前后缘圆，无凹缺，在遇到危险的时候，能关得严丝合缝。闭壳靠腹甲与背甲以及腹甲前后二叶之间的韧带，腹甲二叶能向上完全闭合于背甲，形成一个闭合空间。属于半水龟，具有指、趾间半蹼。尾短。全身高隆紧凑，犹如大自然雕琢的美玉。

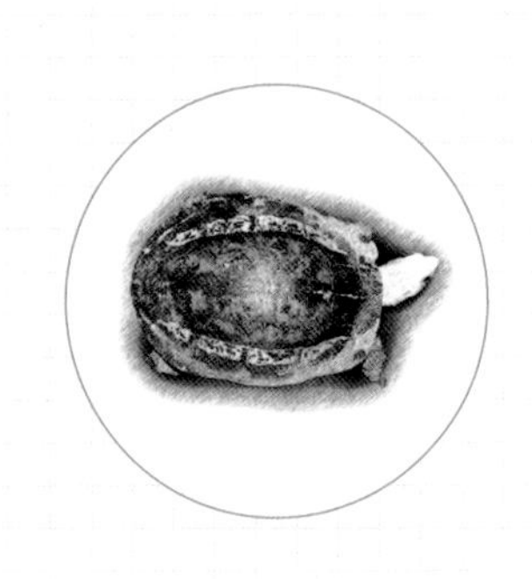

（2）分类

黄额一共五个亚种，各有千秋。

① 黑腹亚种

顾名思义，这种龟的腹部是纯黑色的，老年雌龟会较为浅淡，但是总基调还是属于黑色，这个是最容易辨识此亚种的特征。脸部也和腹甲相互辉映，夹杂着黑色的斑纹，背甲的黑斑碎纹也是黑色，体形和其他种比起来要长，背部也没那么高耸。血红色的眼睛，犀利的眼神也比其他亚种有神而更具穿透力。主要分布在越南北部的山区（河内）。

② 海南黑腹亚种

在我国海南也有黑腹分布，但和越南黑腹有所不同，腹部不是纯黑的，当中的生长线两边是白色的。虽然国际上并不承认海南黑腹的亚种的存在，但是依然阻挡不了黄额发烧友的着迷。

③ 布氏亚种

主要分布在越南中部，北部也有分布，布氏颜色鲜嫩，橙黄色的头部配合淡棕色的背甲，整体显得特别华丽富贵，由于和图画亚种比较像，所以要综合多个部位来分析辨别。相比较图画亚种，其腹部黑斑没有那么大，而且更为聚拢和浓缩，颜色也没有黑腹亚种那般纯黑，随着老年化，黑斑也会消散，形成较浅的斑点。在形体上，背高不及图画亚种高耸，但是比黑腹亚种高很多，体长也居中，没有黑腹长，却比图画亚种长。背甲花纹中线的色调呈深橙色、黑色或是红色，紧挨着中线又有一条奶油色的条带。脸部是最为典型的，橙黄的头部，侧脸犹如水墨勾线一般自然生动。有的老个体布氏，黑斑花纹也许会消散，越发红橙，更为惊艳美丽。

④ 图画亚种

主要分布在越南的南部，因此需要的温度是最高的，基本要保持30℃左右，也是颜色最淡，花纹最少最若隐若现的。头部呈现金黄色网纹图案，红黄橙都有却没有网纹图案，背甲最高耸，饱满。也是从幼体到成体变化最小的，除了四肢腿部有小黑点，其他都是呈现奶黄色，腹甲黑斑比布氏更大，边缘浓艳清晰，并向中间靠拢，在三个亚种中也是最难开食和最胆小的。养这种龟的关键就是湿度（80% ~ 90%）和温度（27 ~ 28℃）。除了腹甲，眼睛瞳孔处有不规则花纹，这是跟布氏最大区别。

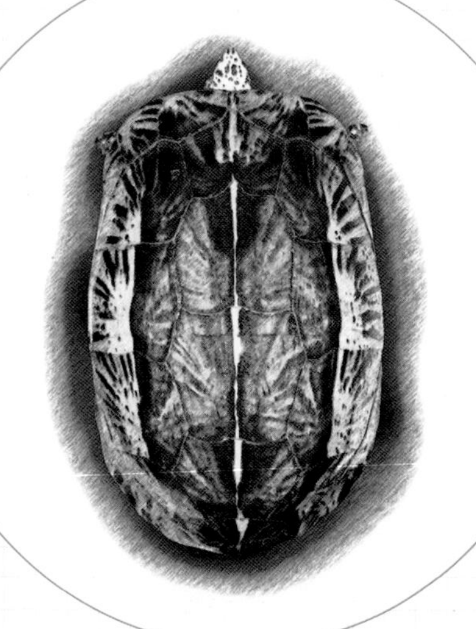

⑤ 锯额亚种（琼崖）杂交个体

定论有两个，一是研究重新证实是本种的一个亲本，分别来自黄额闭壳龟模式亚种与黄额闭壳龟布氏亚种的混合杂交个体群；另一个说法是由锯缘龟与黄额龟的杂交种。是杂交一般都具有两种龟的特征，这种也不例外，锯缘的眼神，背甲放射纹，以及腹部的竹叶纹，还有头部的小碎竹叶纹，分外有神，而背甲的圆润艳丽，和四肢的橙黄色鳞片，皮肤脸颊奶黄色的绚丽，无时无刻不显露出黄额的绚丽。

（3）黄额喂养误区

黄额的美丽不容置疑，但是娇贵的饲养过程也是很煞心情。这其中很大一部分是人为原因所致。下面区分几个喂养误区。

第一，黄额冬眠？这相当于慢性自杀。黄额主要产在越南、海南，看看这里的年平均气温和冬季的最低温度，你就明白为什么说黄额不能冬眠了，两广海南的龟友除外。虽然有些人说自己的黄额冬眠几年了并依然健康，但是这基本上属于黄额龟被迫忍受极端气温下的冷酷考验，熬过去也不是冬眠。

第二，黄额可以喂鱼？很多喂鱼的爬宠都有暴毙的案例，国内一些前辈的黄额甚至巨蜥也都有主食鱼而暴毙的前车之鉴，既然已经有人为此付出龟命的代价了，奉劝大家不要再步前辈的后尘。黄额的食谱其实很广，主要以虫为主，蟋蟀、蚂蚱、蝉、大青虫、杜比亚、樱桃，还有蚯蚓、面包虫、大麦虫、乳鼠等。水果中，香蕉、番茄可以长期喂，只要水果来者不拒，平时你吃啥，它也吃啥。黄额状态好了之后白菜帮子它们也是会啃的。有条件的话最好一个星期喂一次乳鼠。任何动物的内脏都尽量少喂，特别是猪和鸡的，现在都是激素催的，毒性太大。猪肉也尽量不要喂。蚯蚓和蜗牛都会让它们疯狂，成熟的猫粮的确是个不错的东东，也可以用专业的半水龟粮，尽量每次喂的都不同，增加食物的多样性，营养越全面，龟也就越健康。

第三，到家就喂？龟到家的时候千万不要着急让它们吃食，一般来讲 3 个月左右不吃食都属于正常。到家应该先静养，保持黑暗、高湿度，让黄额好好睡一觉。之前最好用维生素水以及电解质泡一下澡，然后再用浓度不太高的高锰酸钾水溶擦拭全身杀菌，避开眼睛，鼻腔，能有效预防腐甲的发病率。给黄额营造个舒服的环境也是开食的关键要素之一，椰土、苔藓、无菌土配合合适的温度很重要，一般都要保持在28℃左右。开食最好的食物是乳鼠，这基本得到了大家的公认，另外蚯蚓、杜比亚也不错。只要功课做好，环境造好，开食顺理成章，切不可急躁。

第四，开食了就好养？这也是多数朋友们的一个误区。黄额饲养的难点其实是在保持其良好的状态，一般来讲，一只健康的黄额人工饲养下活个一年问题不大，但是超过两年的就不多了，饲养在三年以上的就是真爱了，很多因为娇贵，频频出问题，不得已转让出售。

湿度是饲养黄额的重中之重，所以对于内陆、西部、东北地区年平均湿度太低，需要一定的增湿器材，使湿度稳定在70％以上。温度方面黑腹要求长期不低于23℃，布氏要求不低于25℃，图画要求保持在27℃以上，往上幅度5℃以内。

4 黄缘盒龟

黄缘盒龟是目前龟宠界最受瞩目的耀眼之星，俗名：夹板龟、克蛇龟、断板龟，属于淡水龟科、盒龟属。

亚种分为中国种、台湾种和琉球群岛种。大家习惯性称作安徽缘、台湾缘。而琉球缘很少见到。安徽缘，简称安缘，是目前最具有欣赏价值的亚种，从广大龟友的审美和接受度来说，大陆种，以安徽缘为首，其他地区为副，都具有较高的收藏价值。其中以“红脖”、“鹰嘴”、“高背”为主要亮点，皆为上品，其次是“U”线和金线，个别缘因产地环境不同，也会有所差异，比如在大别山区，黄沙土地区的黄缘盒龟体色偏黄，而红沙土地区的黄缘盒龟体色偏红脖；在人工饲养中，多喂龙虾等虾类，虾的外壳里含有虾红素和虾青素，食用后黄缘盒龟体色会逐渐变红。当然在发色饲料中添加食品级色素，也能使黄缘盒龟体色改变。

与此相仿，台湾缘（简称台缘）也会有所不同，有些台种与湖北种群有许多相似之处，比如整体偏青黄色，每个盾甲中心部分呈玫瑰红色，尤其是腹部灰暗，颈部嫩黄色，甚至有“断色”，难见“红脖”和“红壳”。还有一种台缘，背甲长而高，盾甲中心与其外围一样颜色，都较深，年轮细密，背甲金线相比其他几种都要暗淡很多，不连贯，最显著的区别是脖子黑气重，体型也比另一种台缘略大。

（1）台缘和安缘的区分

台缘和安缘区分是目前黄缘收藏者最关心的热门话题，翻来覆去炒了好多次，虽然台安各有所爱，龟无贵贱，但是有区分，就要有所总结。

① 高背

安徽黄缘闭壳龟的背部更高，背棱是所有亚种中最金黄突出的。从正上方俯视看，背甲前部分窄而后部分宽而圆，就如同一个十分紧凑的椭圆形。再看其背部隆起的最高点，十分靠近尾部。中国台湾种的黄缘盒龟的背部比较平，脊棱部也不那么明显，整体体型来说显得比较长，背部隆起的最高点在中部。

② 红脖

从颜色上来区分。安缘甲壳的颜色更深，整个背部的色泽是棕褐透着暗红，特别是每块盾甲中间那块，幼体时候的颜色特别红，就如同一块大的暗红色宝石一样，更好看的是背甲上的金线是连续的，贯穿五块脊盾自上而下一气呵成。背甲脊盾肋盾都有美丽的同心圆，排列整齐，清晰细密，一圈一圈排列后会有放射感，就像大自然一刀一刀雕刻的工艺品，十分有韵味。安缘的脖子以及下巴上都是微微的肉红色，就像喝多了酒，红红的脸，红红的脖子、下巴，非常可爱，甚至四肢的鳞片也泛着红光，色泽更为华丽，相比之下，台缘的背甲颜色偏浅，整体颜色偏黄一点，皮肤的主调主要是以黄色为主，不过背甲上中间的那条金线却不太连续，盾甲年轮也比较宽，年轮的刻度很浅。当然也不排除有些个体的台缘，金线相连，皮肤会有橘黄色的肤韵，甚至有些下山台缘，年轮也相当细密，特别是当今黄缘繁殖小散户很多，杂交现象普遍，很多小苗会以大陆缘的身份降临，其特征就很难归纳了，需要针对实物比较鉴定。

③ 鹰嘴

看嘴前我们先说说其“U”型头纹，安徽种的饰纹下面的黑色不明显，脸部颜色比较柔和，甚至让人感觉是一个完整的“U”型头纹；中国台湾种的饰纹附近有黑色条纹，颜色比较深，脸部颜色对比度比较强烈，头顶看这个“U”型，有不相连的感觉。头纹连接着眼睛，眼睛是心灵的窗户，眼神的不同，造就了物种不同的性格，安徽种的瞳孔和眼仁的颜色对比强烈，所以看起来眼睛更大一些；而中国台湾种的瞳孔和眼仁颜色接近。安徽黄缘的喙部有明显的鹰嘴钩；而中国台湾种的喙部比较平滑。这个有可能和原产地的饮食习惯有关，随着人工的养殖，这种差异也有所拉近。

不管是安缘还是台缘，黄缘都是一种很易驯化和饲养的龟，它们活泼好动不怕生，生命力顽强。雌龟个体重450g左右时性成熟。同年龄的龟，雌性个体总是大于雄性个体。雌性个体重可达1000g以上，雄性个体重很少超过800g；和其他盒龟一样，当受惊时会把头尾及四肢缩进壳内，然后把壳紧紧合上，抵御敌人。

黄缘盒龟的身体结构较其他的龟类特殊。其背甲与腹甲间、腹盾与胸盾间均以韧带相连。故在遇到敌害侵犯时，可将其夹死或夹伤，如蛇、鼠等动物，甚至夹死后可以变成一道美味的佳肴，“克蛇龟”美名由此而来。碰到更大的天敌，黄缘也可将自身缩入壳内，不露一点皮肉，使敌害无从下手。黄缘盒龟较其他的淡水龟类胆大，不畏惧人，同类很少争斗。饲养2 ~ 4月的个体，在食物的引逗下可随主人爬动。

（2）环境

黄缘饲养环境以土养法为最佳，气温适宜的时候，特别爱溜达，一般春秋以中午前后活动量较多，而夏季，以早晚更为活跃，可以选在这个时候投喂食物，效果更好。躲避洞穴也是需要的，也可以用木板、花盆、石凳等搭建一个躲避，供其晚上睡觉，白天躲避烈日，但是偶遇暴雨，黄缘却会在雨中溜达，享受这种自然沐浴。如果是雨季比较长，就需要透风透气，防止水涝，甚至可以用紫外线灯杀菌消毒。

（3）喂养

黄缘食性很杂，自制食物原料的选择根据地域和季节有所变化，归根结底有三类，动物性食物和植物性食物以及营养添加剂。动物性食物是蛋白质来源，常用的有鸡胸肉、鱼肉、虾肉、牛肉牛心、猪心、鹌鹑、大麦虫、面包虫、杜比亚、樱桃蟑螂、蚯蚓、蟋蟀、蜗牛、鸡蛋等。植物性食物有红薯叶、油麦菜、生菜、香蕉、南瓜、胡萝卜、红薯、西红柿以及各种时令水果。营养添加剂主要以钙粉为主，适当添加一些复合维生素，多种维他命。其中昆虫类、蚯蚓等食材是半水龟必备的食物。

可以干货，易于储存，也可以活虫更方便营养。人工自制食物饲料可以很大程度弥补龟龟挑食单一食物的营养不全，而且省事方便，易于消化。

最基本的绞肉机或者榨汁机是需要的，特别是肉类的处理比较费时费工，必须借助各种机械来完成。个人建议肉类和其他食材并不一定要切得很碎很烂，适当的颗粒和硬度，有利于锻炼龟的咬合，可一定程度上减少龟在人工条件下长期吃软饲料导致喙部得不到磨砺而增生的概率。特别是植物性食材，可以保留一定粗纤维，对肠胃有好处。

混合这些食材，需要一定面粉，或者可以拿现成的龟粮代替。可以适当混入牛奶、鸡蛋，提高黏合度，一般一脸盆，大概十五个鸡蛋的量，黏性较大，对于一些容易出水氧化的食材起到固定覆盖包裹作用，同时也是为了粘合室息容易逃逸的活体昆虫，最重要的是可以形成想要的形状。为了保证活虫的新鲜营养，要最后搅拌混合。搅拌不要太用力，保证虫子被粘合而又不至于被搅死弄烂为宜。保证食材的均匀分布。让每个龟吃到的都是一样的，避免挑食。

如果准备的比较多，一次吃不完，或者就打算做成自制龟粮，那就需要脱水杀菌这个环节了，笔者的方法是，利用微波炉或者烤箱加温脱水。利用食物的较大粘性，捏成条状，盘成蛇状，放在托盘里。加热烘干后，会变硬并脱水，这时候只需要掰断密封存放。一包一顿投喂的量，随吃随拿，非常方便。可以冷藏，毕竟没有添加剂，尽量两个月内吃完。自己做的龟粮，不但营养仿生态，还健康绿色。

5 卡罗莱纳箱龟

卡罗莱纳箱龟是分布最广、亚种最多的箱龟。其中一个亚种已经灭绝，另外共6个亚种，美国4个，墨西哥2个，大家经常提起的东箱龟和三爪箱龟，均属于卡罗莱纳箱龟所属亚种。因为黄缘在国内的痴迷，越来越多的人开始关注箱龟。

箱龟，之所以拥有这个名字，是因为箱龟属的成员都有能力紧紧地闭起它们的腹甲，紧密地与背甲形成一个坚固的“箱子”形状，就像闭壳龟一样，把背甲、腹甲中的胸盾和腹盾三者间以韧带相连，可以强而有力地关上所有甲壳，不漏一点肉，以此用来抵御掠食者的攻击。这在捕获的野外箱龟身上得到了证实，几乎很多顽强的成年卡莱罗纳箱龟个体，高耸的结实甲壳上，布满了野兽所留下来的条条抓痕以及咬痕，也有可能成为幼兽的磨牙玩具，不管如何，这些卡罗莱纳箱龟成功活了下来，让想拿它们果腹的天敌最终放弃。当危险解除后，箱龟便打开它的壳恢复原状。不过幼小的箱龟不能使用这种防御办法。

箱龟腹部铰链发育成熟需要2 ~ 6年。箱龟的幼体胆小害羞，通常在水塘附近的隐蔽地生活着。虽然卡罗莱纳箱龟偏向于陆栖，但是皮肤鳞片的锁水能力和陆龟干燥的环境，还是相差很大的。箱龟时常会在池塘里泡许多个小时甚至一整天，尤其是在夏天的时候，和其他半水龟一样，对湿度的要求还是很高的，尽管它们喜爱泡水，可是箱龟不善于游泳，如果水太深会有被淹死的风险。但墨西哥的尤加敦箱龟是个例外，它们的水栖程度较高。

（1）环境

卡罗莱纳箱龟，大多是野生成体，性格有点内向，这个和突然变换环境有关，所以，刚来的箱龟，千万不能用透明的玻璃缸或者亚克力箱，或者透明的周转箱饲养，这样会让龟紧张，影响饮食消化以及正常繁殖产卵。尽可能用实木爬箱、不透明打孔周转箱、塑料盆，并且土养，配备野外环境布置，比如落叶、石穴、能容身的枯木树根，甚至很多绿色植物。土要厚，碰到极端严酷温度，它能钻入土内自我调节。土的材料用沙与无菌土各半的混合底材再撒上一些落叶和枯木，加上一个不宜打翻的大水盆。配合几个紫外线灯，加温灯，为了通风，最好也配一个风扇，基本上就可以了。

（2）喂养

卡罗莱纳箱龟属于杂食性，以浆果、绿植、菌菇类、蚯蚓、蜗牛和昆虫为主食。人工环境下一般以动物性食物为主，比如蟋蟀、面包虫、大麦虫、杜比亚、乳鼠、小鱼、小虾、鸡胸肉、牛肉等；以植物性食物为辅，比如绿色的蔬菜以及瓜果，人能吃的，它都能吃；为了贴近野生环境的状态，再搭配一点苜蓿、蒲公英、车前草。多数箱龟习惯在陆上进食，所以用水箱或池塘饲养时饲料以及新鲜食物最好不要撒在水中，别看它们还只有10 ~ 22cm大小，但是性格活泼，能吃好动，只要饲养得当，放下对人类的戒备之心，卡罗莱纳箱龟将是互动很好、胃口很赞的漂亮宠物。

（3）繁殖

卡罗莱纳箱龟除了非常好养，会冬眠，杂食胃口好，互动群居等优点外，还有一个最让人省心的是，特别好繁殖，甚至可以用强大来形容，一般繁殖季节是春季。在交配之后，精子可以在雌龟体内存留四年之久，因此并不需要每年都交尾。随后5～7月份，雌龟会在瓶型的坑洞中产下1～11枚卵，孵化期70～80天。这种龟尤其长寿，曾有活到138岁的记录。

（4）亚种

① 东部箱龟

这是卡罗莱纳箱龟最为熟悉和常见的宠物龟种类，也是市场上最容易购买的，繁殖户也最多，但是价格依然不菲。背甲高耸，花纹与锦箱龟类似。喜欢栖息在枯木底下，杂食性动物，偏虫食性，人工饲养下一般可以主食50%动物性蛋白质，如蟋蟀、杜比亚、面包虫、小鱼等、小虾，40%的香菇、洋菇、青菜和水果，10%的野草如苜蓿或蒲公英等，它们食量颇大。

背甲长15～18cm。腹甲具有可活动的铰链关节，使得它可以与背甲紧密地闭合在一起。背甲高隆，具有棱突，颜色和图案多变。腹甲通常与背甲等长，茶色至深棕色、黄色、橙色或橄榄色，不具花纹，或有少量深色的小点。雄龟往往长着红色的眼睛，腹甲后部内陷，而雌龟的眼睛呈略微泛黄的棕色。

② 佛州箱龟

产于佛罗里达州，少部份延伸到佐治亚州南部。体型小，背甲高耸，是卡罗莱纳箱龟中体型最小的亚种。背甲通常从幼体开始就有一条贯穿中央的条纹。头侧通常有两个条纹，但有些个体条纹断裂，甚至也有消失的。腹甲纯黄色或有黑色放射条纹。庭院饲养为佳，虽然体型小，如果要室内，也最好准备大型爬虫箱，配备托盘土养法，或者大型塑料水产箱。

佛州箱龟同样偏好虫食性，偶尔会吃一些蔬果，食物内容与其他亚种几乎一样。唯一不同的是由于佛罗里达州有近20%的面积是湿地和沼泽，因此佛罗里达箱龟在湿度上的需求比较高，可以配备一个定时雨淋喷洒装置，价格不贵。花纹与锦箱龟类似，特点不明显。

③ 湾岸箱龟

湾岸箱龟是目前所有北美箱龟里的小巨人，通常背甲长度达到13 ～ 18cm。湾岸箱龟比较没有体色的特征，它们的背甲和表皮颜色深浅不一，深色居多，花纹呈点状或条状，也不是每只都有，部份成体脸部还会出现白色斑块，算是比较难辨认的亚种。由于分布区内多沼泽地形，所以通常需要比较潮湿的环境。食性与其他几个亚种类似，很爱吃乳鼠、小鸡等肉类。

④ 三爪箱龟

特点很鲜明，就是后爪为三爪，但是实际上也有四爪，甚至还有一边三爪，一边四爪的情况。背甲花纹一般比较少，甚至常常没有，腹甲通常纯黄色。背甲可以从两方面看，一是底色，二是放射性纹理。底色，由浅褐色到深咖啡色都有，放射性花纹也是如此，从浅褐色到深咖啡色，当底色与花纹这两部分颜色相近时，会让人误以为没有花纹，同样，如果这两部分颜色正好对比强烈时，自然就能看出明显的放射条纹了。头部肉色会显得单一一些，比如单一色系的红色或者橘色，甚至有红黄橘白等颜色混合杂在一起。三爪箱龟体型适中，比东部箱龟略小。

三爪箱龟对环境温度要求不高。气温22℃以上时，状态灵活且活动频繁，主动吃食；最适宜气

温是25 ~ 32℃；气温20℃以下时，有停食现象，体弱者易患肠炎；气温15℃以下进入冬眠阶段，随温度逐渐降低进入深度冬眠。杂食性，性情活跃，胆大，能面对主人举手讨食，跟随主人移动。经驯化后能适应主人用手喂食的方式，有些龟还能随主人散步。

雌龟虹膜淡黄色，头顶部斑点为淡黄色，前肢上的鳞片为淡黄色，腹甲平坦，尾短，泄殖腔孔距腹甲后部边缘较近；雄龟虹膜为红色，头顶部斑点为深橘红色或淡橘红色，前肢上的鳞片为深橘红色，腹甲后部略凹陷，尾较长，泄殖腔孔距腹甲后部边缘较远。每年5 ~ 7月为繁殖期，每次产卵2 ~ 7枚。卵长径24 ~ 40mm，短径19 ~ 23mm。孵化期75 ~ 90天。在美国，三爪箱龟已能人工繁殖，但数量不多。

卡罗来纳箱龟除了美国的四个亚种已经有成功繁殖基地外，两种墨西哥亚种前景不容乐观，数量稀少。下面介绍墨西哥亚种。

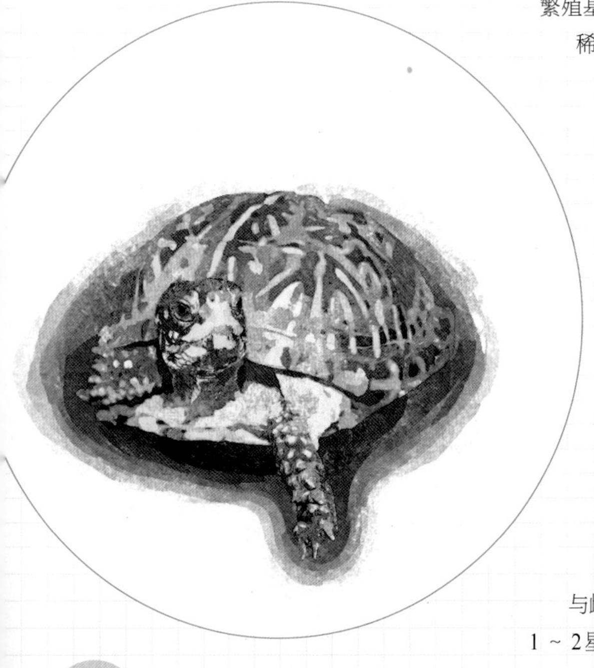

① 墨西哥箱龟

目前主要分布于墨西哥东海岸一小块地方。同样闭合的能力出类拔萃。墨西哥箱龟背甲修长，最长可达18cm左右，高隆，第三椎盾隆起成小驼峰状，后缘略外翻，后肢三爪，背甲图案类似三爪箱龟，但也有可能是浅黄褐色的底色加上黑色的盾片接缝。墨西哥箱龟主要生活在河流浅滩附近，是一种半水栖偏陆栖的龟。它们大部分时间在岸上活动觅食，食性杂，主要以蚯蚓、昆虫、蘑菇和浆果为食。墨西哥箱龟的雌雄辨别大致上与陆龟相差无几。雄龟与雌龟平常最好分开饲养，到交配时才放在一起1 ~ 2星期，如果终年养在一起，雌龟会受到雄龟较

大的交配压力，容易产下未受精卵，长期下来可能导致雌龟停止产卵或受迫死亡。

雌龟每窝下3 ~ 5颗蛋，在30℃时约60 ~ 75天可孵化，孵化率较高。墨西哥箱龟幼龟的照顾也不困难，可以小蟋蟀和面包虫为主食，蔬菜水果为辅。

墨西哥箱龟只要养上2 ~ 3个月就会认识主人，十分聪明。饲养环境要七分陆地，三分水区，外加躲避、遮挡物，墨西哥箱龟食物中，动物性蛋白质如面包虫、蟋蟀或蚯蚓等要占50%，也可以用箱龟饲料替代。植物类的食物如一般蔬菜类、豆类、萝卜和马铃薯等可占箱龟食物的30%。至于青草、苜蓿、稻草、萝卜叶等纤维质较高的植物可占10%。多种食物的组合可以帮助箱龟保持均衡的营养和消化道通畅。

② 尤卡坦箱龟

分布于尤卡坦半岛。背甲形状颜色等类似墨西哥箱龟，后肢四爪。尤卡坦闭壳龟是北美箱龟最南端的品种，是一种地理隔离比任何其他物种或亚种更神秘的箱龟属。

6　刺山龟

乍一看刺山龟，你会以为是一只烧红的大螃蟹，但是它有个更形象而美丽的名字："太阳龟"，它的俗名很多：东方多棘龟、东南亚刺龟、齿轮龟、刺山龟、太阳龟、蜘蛛巨龟等。背甲缘盾刺如鸿茫，就像太阳的光芒，四射开来。其独特的太阳造型，可谓独一无二。配合脸颊那一抹红晕延伸到耳后，让太阳龟这个名字更贴切了几分。贯穿始终的脊棱，古色古香的酱红色背甲以及四肢的鳞片，无不表示这是一只美丽而富有个性、艺术味很浓的小资情调的龟。

太阳龟体型不大，成年后20cm左右，体重1.5 ~ 2.0kg。分布在文莱、马来西亚、缅甸、菲律宾、新加坡及泰国等地。从产地的气候来看，太阳龟比较喜欢温暖，怕冷，且很爱吃水果蔬菜。背甲红褐色或棕色，显著下陷，龙骨钝圆。前缘和后缘呈锯齿状，幼体的每一肋盾均具一短棱或多刺结节，且龙骨明显。腹甲黄色，每一盾片具棕色放射状条纹。头与四肢上有红点。前肢五爪，后肢四爪。尾极短。经常会漫步于凉爽、湿润、隐蔽的陆地上。躲在枯枝落叶和草丛之下。幼体太阳龟可能较成龟更为陆栖化。在外形上，幼龟

多刺，外形很酷，成太阳放射状，成龟刺并不突出，略显低调，雄龟的尾部较雌龟更粗更长，且腹甲内凹。太阳龟于2002年被列为《华盛顿公约》CITES附录二／IUCN濒临绝种保育动物。

新龟到家后，切记不要急着喂食，每天坚持多泡维生素、电解质，然后用水果开食，橙子和香蕉还有番茄是不错的选择，量不能多，只要肯吃，就可以慢慢增加，混入陆龟龟粮。既然是山龟，肯定偏好陆栖，素食为主，龟粮是一个不错的选择，搭配各种水果，偶尔几口乳鼠、蚯蚓、昆虫，补充一部分蛋白质和荤腥的满足，只要龟健康，吃相很大大咧咧，甚至可以接手中食物，那就说明已经适应了新环境。

温度以25 ~ 28℃为宜，湿度保持在70%，土养法比较适合，特别是红沙土、无菌土，温度和光照：应使用聚光灯或UVB灯以提供晒背的场地，并要提供一个12h白昼和12h黑夜的光照周期。模拟白天黑夜的温差，并且放一个能融入太阳龟整个身体的大浅水盆，以满足泡澡、补充水分的需求，这个水盆除了保证水量足够外，还要保持水的清洁。春秋季时，适当的加温可以避免早晚的温差，冬天更需要加温，人工饲养下，在12月和2月份可以观察到它们的繁殖。它们在野外的筑巢行为尚未知晓，但知道雌龟在一个巢里通常产1 ~ 2枚卵。雌龟一年产3次卵，这在潮龟亚科的龟类中是常见的。刺山龟唯一一次成功的人工繁殖发生于1991年，在亚特兰大动物园。孵化期为106天。孵化用的介质为湿沙、蛭石、泥炭藓和长纤维泥炭藓，温度有35天为28 ~ 30℃，其余为26 ~ 28℃。有些潮龟亚科的龟卵会经历一个滞育期，以适应雨季和旱季的交替，因而孵化温度的波动可能是必需的。

7　三龙骨龟

三龙骨龟又名三脊棱龟或三棱黑龟，三龙骨龟从幼体到成体，始终保持着背上的三条浅色脊陵突起和黑色或者深褐色的背甲，形成强烈的对比。头部有V形红色黄色或者橙色的斑纹，由鼻尖一直延伸到颈部。

三龙骨只有一个亚种，但是和黑山龟是亲戚，同属黑龟属，习性也类似，由于数量稀少，已经列入CITES I的保育类。在世界龟类当中算是鲜为人知的种类，是最富挑战性的龟种之一，在饲养及繁殖上还需要经验累积。在市场上也凤毛麟角。

虽然如此，饲养还是很容易上手的。一般三龙骨龟体质强健，杂食，大部分水龟荤素食物都能接受：小鱼、小虾、蟋蟀、杜比亚、蚯蚓、面包虫、瘦牛羊猪肉、蜗牛、乳鼠、鸡胸肉、鸭心、鸡腿、蔬菜水果都不排斥。环境上也不是很挑剔，但是土养法更适合偏陆栖的三龙骨龟，无菌土、花园土、沙土均可，做好杀菌处理，土养除了可以保持湿度，还能在龟进食中补充微量元素，甚至一些砂砾能够帮助三龙骨龟加强肠胃的消化功能。一个大大的扁水盆还是有必要的，能让三龙骨龟轻松进入，要保持水盆的水体清洁。如果再增加几盆绿植、多肉，更是锦上添花。

三龙骨龟很坚强，能够适应江苏的寒冷冬季，但是能忍受低温，不等于可以冬眠，因为国内进口的个体多半是亚成体，所以在2 ~ 3年内应该就可以成熟产卵，而产卵的三龙骨龟冬眠是非常危险的。如果饲养得当，雌龟每年可以生产2 ~ 3次，每次2 ~ 4枚卵，60 ~ 70天可以孵化。

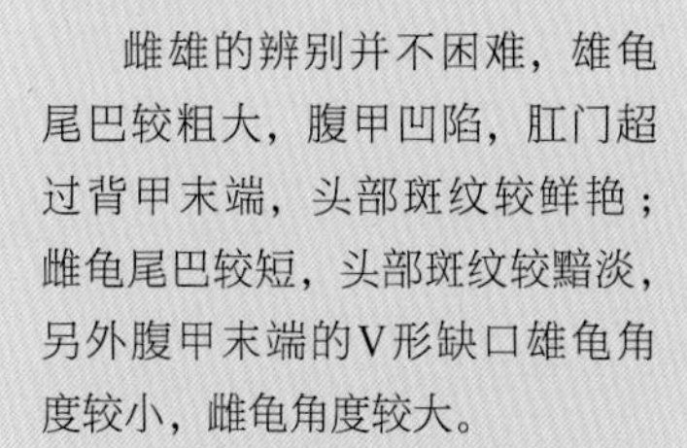

雌雄的辨别并不困难，雄龟尾巴较粗大，腹甲凹陷，肛门超过背甲末端，头部斑纹较鲜艳；雌龟尾巴较短，头部斑纹较黯淡，另外腹甲末端的V形缺口雄龟角度较小，雌龟角度较大。

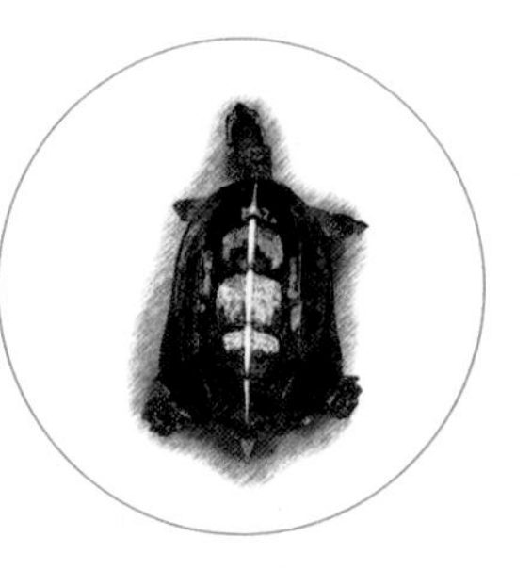

三、陆龟

1　缅甸陆龟

缅甸陆龟，也称作象龟、龙爪龟、旱龟、枕龟等，是陆龟里最常见的，虽然叫缅甸陆龟，但是并不是只有缅甸拥有，我国广西、云南都有分布，除我国外，缅甸陆龟主要分布于印度东北部至越南、马来半岛地区，产量最高的地区集中在泰国、缅甸、越南南部、老挝等。

分布如此广，也侧面说明它很好养，各种条件都能忍受，龟友手中冬眠数十年的也大有龟在，并不是说它有冬眠习性，而是，抵抗恶劣条件的能力很强。在广东、广西、海南、云南可以不需要任何设备，注意春秋冬拿回室内即可，其他地方或多或少都要加温设备，一个爬箱（包括加温和照明）、一个水盆、食盆，基本上就能满足了。当然，缅甸陆龟更适合散养，院子饲养，如果爬箱能土养，也是很不错的。

这么皮实坚强的龟，还有着一身专属于自己的花纹，从全黑到全黄，还有半花、梅花、放射、芝麻点、咖啡色等。

目前亚种区分有八大类：一、金头瑞丽种；二、泥头高背种；三、缅甸玉种；四、巧克力咖啡种；五、缅甸花背种；六、黑种；七、泰国黄金种；八、紫金种。下面把每个亚种做个简单介绍，因为没有权威规定，仅供参考。

（1）金头瑞丽种

头部金色，龟壳比较扁平，生长纹路凹凸不平，成年母龟后壳裙比较宽大；臀盾单枚，向下包。腹甲大，前缘平而厚实，后缘缺刻深。四肢粗壮，呈圆柱形；前肢五爪；指、趾间无蹼。尾短，其端部有一爪状角质突，分布在泰国、越南、马来西亚、孟加拉国、缅甸和柬埔寨。

（2）泥头高背种

泥头也被称为东南亚种，很好区分，就是头部不是金黄，是土黄色，像泥干了的颜色，泥头的称呼很形象，头和背甲黄色部分比较灰黄，唇部的细细锯齿状是它们的标志性身份证，是目前市面上卖得最多的。个体不大，吻短，颚缘呈细锯齿状。背高而甲长，生长纹路平整，以花色居多，脊部向上凸起，有颈盾，成体背部光滑，分布在尼泊尔、印度海拔较高地区，生命力为所有缅甸陆龟亚种中最强的。

（3）缅甸玉种

大家都叫它玉缅，属于高端收藏级别，龟壳修长而单色，以黄色、黄白色、玉色为主，生长纹平整，有时带有黑色斑点，壳没有尾裙，向下包，头以泥色或金黄色居多，由于分布在泰国、越南、马来西亚，与当地瑞丽种杂交后代较多，出现玉的纯度不同，有泥头玉和接近黄金种的艳玉，说它是玉一点都不为过，龟壳透明如玉，能清晰地看到背甲下的龙骨花纹，生长纹始终保持淡黄，接近白色的生长层，还有四肢头部尾巴也全是玉色，几乎没有黑灰色鳞片。

（4）巧克力咖啡种

有东南亚巧克力种和缅甸咖啡种，背甲为晕染的咖啡色，放射纹的巧克力色就像黑色晕染渗入到壳内一样，很素雅。除了颜色，另一个标志特征是鼻尖到额头中部为两片大鳞片，类似黄腿象龟和红腿象龟区分的标准。龟壳呈椭圆形，后壳裙比较宽，向两边翘起，幼体壳为巧克力色，长大为巧克力花纹，生长线不明显，壳比较平，新甲老甲颜色分别不大，头为黑色，手脚黑色，皮肤褐色，四肢指甲为黑色，成年龟壳光亮，比一般缅甸陆龟需要的湿度要高，市面上大多是咖啡面，头部黄色，有的是淡黄接近白色，生长纹细为黄色。分布在印度尼西亚、菲律宾、文莱等地区，比较少见。

（5）缅甸花背种

市面上常见，常被称为金头缅陆，每一片背甲上都有大花斑，各有特色，刚出生是没有黑斑的，成长中渐渐沉淀黑色素，所以，它们的共同特点是，背甲盾片大花斑中间是空缺的，有的特别像豹龟的花纹。龟壳较宽，成体体色跟西里贝斯陆龟很相似，幼体背黄褐色，腹甲跟东南亚群相似，最特别的是头为金黄色，喉及耳为灰色，皮肤为灰色。繁殖季节时，耳及眼周围会变粉红色。

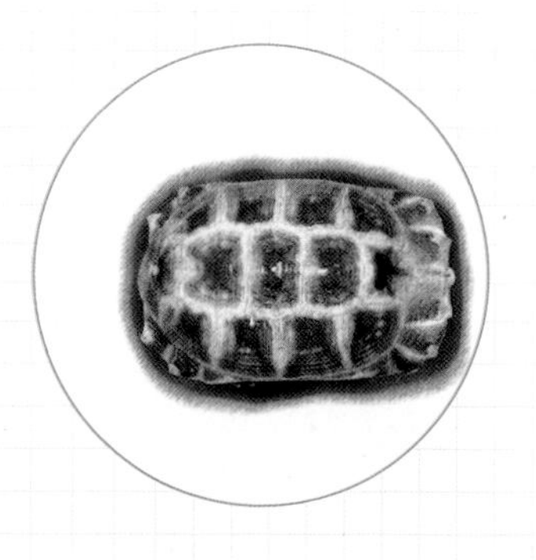

(6)黑种

大家叫它黑缅，黑的相当大气，有亚达的感觉，也是高端收藏级别缅陆龟。和玉种、黄金种几乎是180°的对比反差。黑缅也被称为黑金刚，因为它是缅陆家族里的最大号，逼近40cm的它，拿在手里很有成就感。因为够大，生长纹不明显，四肢为黑色，头为金黄色，也有青色发白、淡黄色，标志特征是腹甲全黑，不纯或者作假的，一般腹部都不能满足全黑的要求。背甲无后壳裙，腹甲宽，前缘翘起而厚实，四肢鳞片突出，纯种稀少，多为杂交后代。

因为喜欢它的龟友太多了，加上造黑容易，市面上出现了很多人工造假的油漆龟，有可能是用鞋油，一般刚接触龟的，会中招，回去泡澡上酒精擦拭，马上能穿帮。

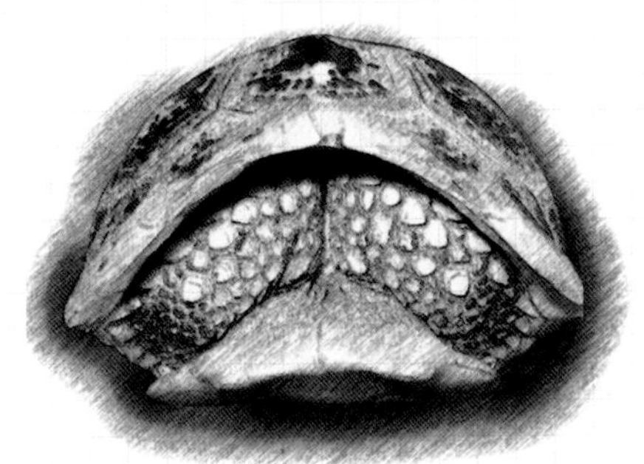

(7)泰国黄金种

市面上评价不一，有人说也是玉面，但是是艳玉，有人说是黄化，因为它的背甲颜色几乎和白化龟一样金黄、耀眼，有人还会说，强光下眼珠发葡萄酒颜色，其实这也是白化变异的一个表现，不管怎样，黄金种确实是缅陆中的极品，拥有它应该是每个缅陆爱好者的梦想，黄金种的龟壳高而平，龟壳纹理特别，有三角交叉生长纹，生长纹明显凹凸，龟甲两侧为三角交叉纹理，以黄色为主，没有花纹，四肢为玉色或黄色，鳞片细而小，腹甲黄色，无花纹，腹甲平，杂交后代带有花点，生命力弱，易生病。

(8)紫金种

东南亚紫金种，龟壳高，年轮不明显，色泽光亮，龟壳为全部紫黑色或黑檀色，腹甲偏紫色，头、四肢为金黄色，成体比较小，只有15cm，极度稀少，市场上难以发现。

2　赫曼陆龟

赫曼陆龟易人工繁殖，其原产地生长环境和我国北方的纬线基本相同，所以很适合四季分明的地理环境。如果您刚开始接触陆龟，或者偏好冬眠型陆龟，又或者经常疏于照料，那养赫曼陆龟是最合适的。

赫曼陆龟分布区域广阔，但是从进口国内市场的亚种来说，大致有东部和西部两种。东部略大，最大个体达28cm，重3 ~ 4kg，由于龟生长很缓慢，加上都是长寿星，所以达到28cm的过程很缓慢，而西部赫曼在数量上会稀少一点，个头小巧，仅12 ~ 20cm，加上西部赫曼一般体色比较鲜艳，所谓奇货可居。

(1)温度

赫曼完全可以在不加温的情况下生活得很好，不管箱养，还是散养，白天25 ~ 30℃，夜晚20 ~ 25℃比较适宜，适当拉开白天晚上的昼夜温差，模拟大自然的气候变化，对赫曼的机能适应、体质的增强、生理的发育都极为有利。但是这个昼夜温差是慢慢过渡的，千万别因为赫曼会冬眠而突然换环境，温度瞬间变化超过5℃以上，赫曼宝宝有可能来不及调整，而导致呼吸道的感染，也就是感冒。夏秋两季，赫曼是不需要任何设备就可以很舒服地适应我们的气候。但是，冬眠醒来的初春，还有深秋冷空气不断侵入的冬眠前，建议最好加温，避开昼夜温差超过10℃，特别是入夜后低于20℃的天气，加温一定要配上温控，把风险降到最低。

(2)冬眠

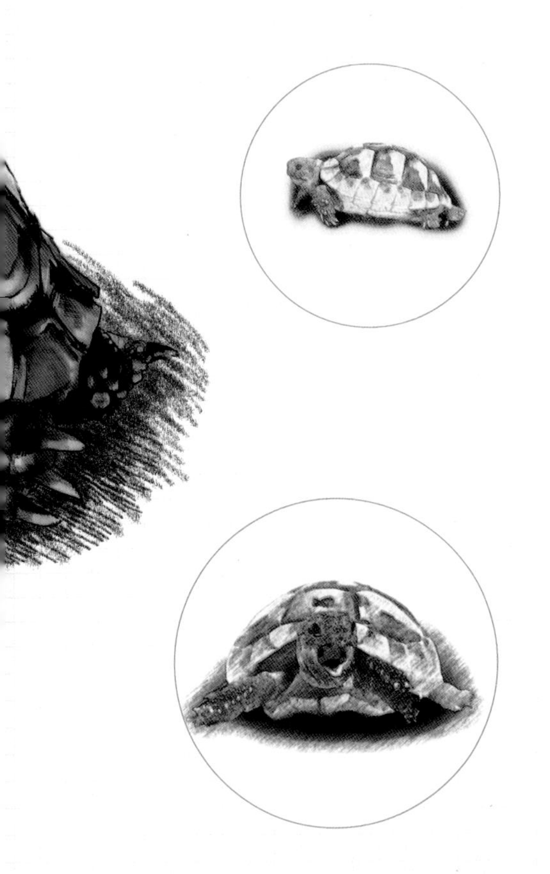

虽然大家都知道赫曼可以冬眠，但是绝大多数龟友，为了风险二字还是选择了加温，或者冬眠时间非常短。那冬眠和不冬眠该怎么取舍呢？这里要普及一个常识，很多有冬眠习性的龟，整个冬天，不是睡大觉，它只是新陈代谢减慢，心跳次数降低到很少，整个机能成麻痹状态，所以冬眠是可以打扰的，及时观察是否健康，起到保障冬眠顺利经行的作用，而冬眠还有一个最大的作用，就是发育性腺，合理的冬眠时间，可以让龟的性腺得到充分的成长，等气温上升，惊蛰后的赫曼陆龟会凑在一起，开始轰轰烈烈的爱情。

万物顺其自然，既然大自然中是如此，那我们饲养的过程中，也应该模拟自然。有人说，冬眠多方便啊，加温才麻烦呢，话虽如此，事实证明，要合理、健康地让龟冬眠，需要满足很多前提条件，比起加温，要复杂得多，如果哪里出了差错，赫曼很有可能会在第二年一睡不起。所以如果您做好让龟龟冬眠的打算了，请一定要做到以下几点：

① 入秋，室外晚上温度降到20℃以下时，就该开始做冬眠前的准备了。最重要的就是清肠胃，在接下来的两个星期左右不给它喂食，只提供饮水，帮助其清空肠胃。这里要注意，如果温度突然急降，可以辅助用一些加温设备，确保刚断食后的那几天温度最低满足20℃，这是因为喂食后需要一定温度帮助消化。清肠胃时千万要能忍住不喂食物，甚至泡澡几次，加速肠胃蠕动消化，早日排清。这对冬眠至关重要。

② 一到两岁的赫曼，冬眠时间为八个星期左右，再长危险性会增加。两岁以上的赫曼，可适当延长。刚入手的赫曼如果饲养未满四个月，不建议当年冬眠，可以来年冬眠，这是因为冬眠必要的能量脂肪储备没有充足。赫曼是森林陆龟，喜欢少许潮湿的环境，所以冬眠保湿媒介还是要的，无菌土是一种不错的仿生环境的冬眠垫材，大概铺10cm厚，把赫曼放上去，它自己会钻进去，放置在背阳通风处，不要晒到太阳，也不能吹到冷风，保证温度的稳定，不要轻易变换位置，每个星期去喷次水，湿度以一手抓起土不黏为宜，还可以在上面盖点叶子。保湿保温透气通风，除此之外，还有椰土、苔藓、赤玉土等非常适合赫曼冬眠的材质，但是要记得消毒，可以用开水烫、煮，也可以放在烈日下暴晒，如果觉得麻烦，还可以放微波炉转一下。保湿方法和无菌土类似。

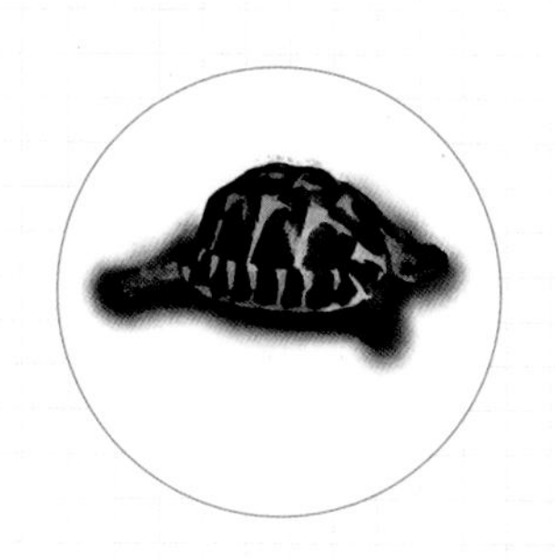

③ 冬眠基本结束时，可以将赫曼放进保温箱里人为让它醒来，刚出眠的赫曼最需要的不是食物，而是水。此时可以将赫曼养在保温箱里，直到外面温度基本稳定再结束箱养。这样，避免了开春不稳定的气候有可能导致赫曼生病。

④ 有人会担心外面零下十多度，赫曼会不会冬眠时顶不住挂掉。其实没必要担心，因为它钻土里温度不会那么低，况且冬眠的箱子是放在室内，10 ~ 15℃是非常舒适的冬眠温度。冬眠会让赫曼停止生长，出眠后一段时间长的也比较慢，对于性腺的发育、龟壳养护还有体型的控制非常有好处。

（3）环境和喂养

很多龟友喜欢用瓷砖或者树皮做垫材，对于赫曼，笔者认为最好的垫材肯定是泥土，可以买无菌土或者直接从地里挖一些，泥炭土也是不错的选择。赫曼是非常耐寒耐渴的龟种，在不暴晒的情况下，两天泡一次澡几乎不用再放置水盆。一只健康的赫曼会对很多食物感兴趣，主要喂食三种：大品牌龟粮、各种绿色菜叶、胡萝卜，其中胡萝卜非常实用，不容易坏，吃多少煮熟多少，一根能吃很久。冬眠之前可以喂一些熟南瓜帮助调理。喂龟的原则是宁可少，不可多。喂的少而精，龟才能长得漂亮。

3 凹甲陆龟

凹甲陆龟又叫麒麟龟，六足龟，是基因较为原始的龟种，初见之时，宛如玉石，特别是那半透明的甲盾，既有质感，又有灵气，作为中国云南特有的麒麟玉龟，确实吸引了不少龟友。虽然爱它的人多，但是很少被饲养，在我国属于二级重点保护动物，归属于华盛顿公约附录二的保育动物。除此之外，凹甲陆龟面对人类非常容易产生紧迫感，很容易遭受原虫的感染而生病，目前能饲养顺利并繁殖的几乎没有报道。

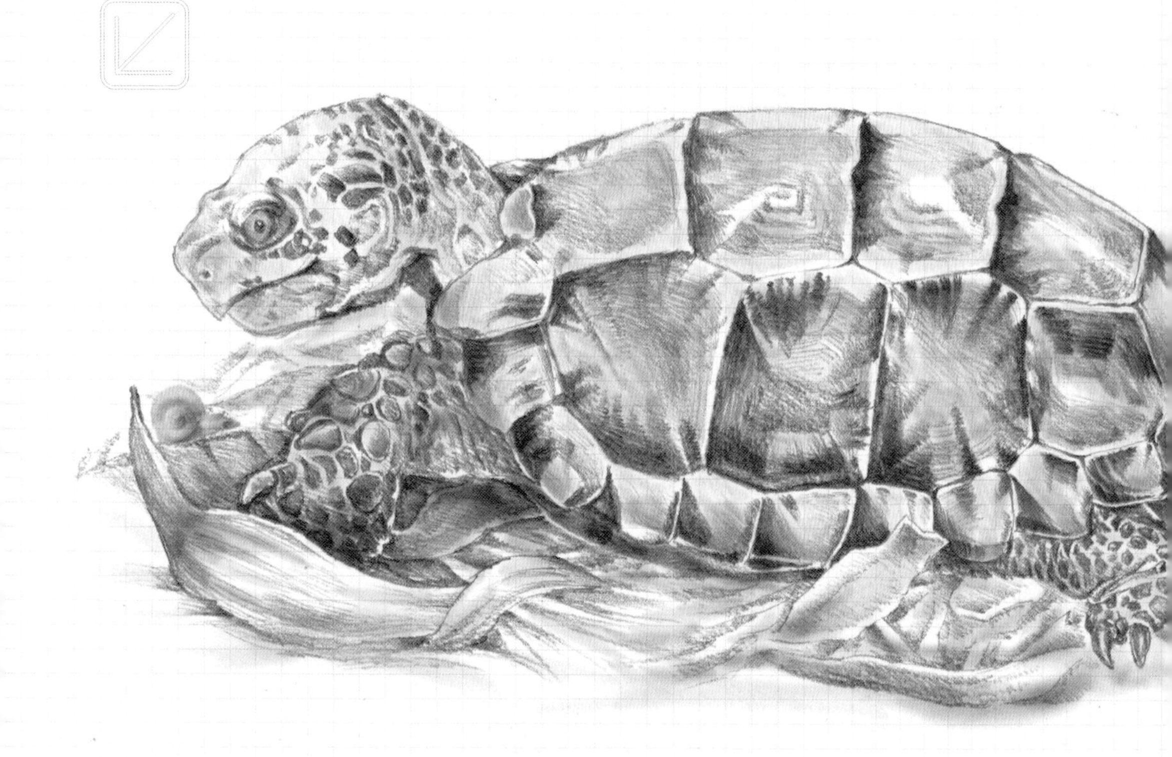

叫麒麟龟是有一定道理的，此类龟，屁股两侧有坚硬的鳞甲，成刺状，威武霸气，不但屁股有，全身都是坚硬硕大的鳞甲，犹如麒麟，又因为它是靴脚科的，所以，后腿上有马靴一样的尖刺，是龟类里特别典型的代表，所以也叫六足龟，就是因为腿刺大的像多出来了两只脚。当然，凹甲凹甲，最大的特点，就是它的背甲盾片，与所有其他种类的龟背甲盾片凸起截然相反，麒麟龟的盾甲是凹的，非常有意思，除此之外，全身都有翡翠一样的花纹，几乎每只凹甲的花纹款式都不一样，花纹一直延伸到头部，这里要强调的是，凹甲龟的眼睛特别有神，洞察一切。

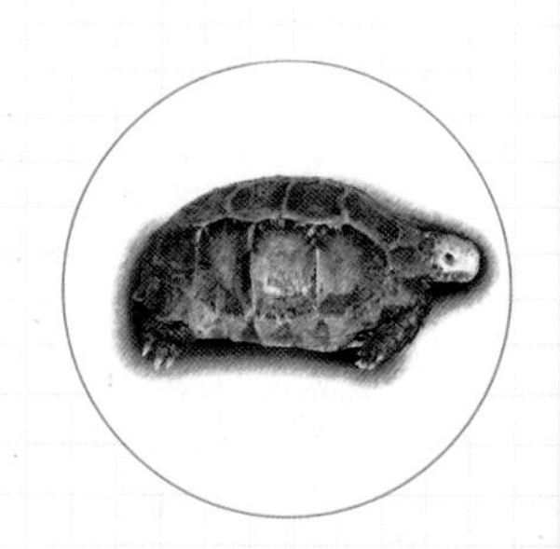

凹甲陆龟很少被当作宠物龟的原因有以下两个：一，它是高原龟，但是大多龟友都是平原地区的，这样，凹甲龟就会有低原反应，就像我们去西藏有高原反应类似，低原反应会气喘、乏力、四肢浮肿，有呼吸道疾病等，当然龟是不会告诉你的，最重要的是凹甲的心脏血压不适应。二，凹甲陆龟几乎都是野生获得，所以，运输条件直接影响到龟龟的健康。当然有人工繁殖个体，可以考虑入手，不但没低原反应，连龟龟的状态也有保证，只是有可能最初价格略高，有龟友证实，黑头的比花头的要皮实很多，低原反应要少一点，所以，挑选时候不要被花纹所迷惑，健康才是根本，而健康的龟，会比较重，俗称压手，四肢比较有力，眼神睿智、明亮，口腔排泄腔干净，有的会当场开吃。

（1）环境

凹甲陆龟属于陆龟，在自然环境，生活在溪流水源附近树林，灌木花草间，在陆龟箱的营造中，可以创造尽可能大的环境，陆龟箱的最小尺寸计算方法如下：长度=背甲长度×6，宽度=1/2长度。背甲长度指的是陆龟箱内所饲养的最大只乌龟之背甲，所计算出来的尺寸适用于饲养两只乌龟。在同一陆龟箱内若要饲养第三和第四只乌龟，面积必须再各自加大10%，从第五只乌龟开始，陆龟箱的面积就必须每只加大20%。箱内要满足加温，饮水泡澡，保湿，一个足可以容纳身体的浅水盆，保证水质的干净。铺上枯叶、泥炭土、椰土、苔藓、山泥任何一种，或者多种搭配，这样，足可以保证它喜欢的潮湿湿度环境，甚至可以种很多绿萝，事实证明，凹甲陆龟偶尔会食用，甚至很爱吃绿萝的嫩芽。除了吃，还能保持空气的湿度。

（2）喂食

大多凹甲陆龟都是以平菇开食，开食后，就要多种蔬菜搭配喂养，红薯叶、桑叶、油麦菜、紫甘蓝、大包菜、玉米叶、青菜、西葫芦，混入干草搅拌，遵循高纤维的原则，偶尔喂点煮熟的胡萝卜、南瓜，撒些矿物质、维生素、氨基酸和微量元素。顺便也要提供墨鱼骨，凹甲陆龟的人工繁殖后代很喜欢狼吞虎咽地啃咬墨鱼骨。当然，真菌类、龟粮，也是不错的选择，甚至可以吃点滴水观音，海芋科植物。它是陆龟里少有可以吃滴水观音这种有毒植物的龟之一，两岁以后的凹甲，可以少量获取一点动物性食物，比如蜗牛、蚯蚓、甚至是虾干。

（3）刚入手龟的喂养

到家第一件事就是微光静养，其中泡澡很重要，当然，温差一定要注意。切记不可回家立马扔热水里泡澡，会造成感冒和惊吓，泡澡记得加电解质和少量维生素药片，温度37℃为佳，并且泡澡过程中，持续保温，避免泡冷水澡，出浴后，第一件事就是擦干，然后放入龟箱环境中静养，先让它熟悉环境，稳定心情，等第二天早上，放入它最喜欢吃的平菇等菌类，然后千万不要打扰它，就让它静静的，自己想吃为止，如果不吃，说明它没安全感，继续静养，第二天，再放真菌类植物，反复如此，一般一个月内，会开吃，如果还不肯吃，就有可能特别腼腆，或者需要查明病因，实施灌药、注射等保守治疗。

4　黑靴陆龟

亚洲大陆的古老物种，是中国四大神兽玄武的原型，拥有庞大的身躯，黝黑发亮的背甲，青铜器一样的精美鳞片，有着王者霸气的眼神，当然也是亚洲大陆最大的陆龟种类，体型仅次于苏卡达陆龟，排世界第五位。属于凹甲陆龟属，一共三个亚种，另外两种是，凹甲陆龟和棕靴脚陆龟，但是都比黑靴陆龟（简称黑靴）小很多，黑靴成体体型超过50cm，重量超过20kg，背甲相对比较低，但是力气惊人，破坏力很大，前肢的外侧有巨大的鳞片，有点像腿刺，巨大而坚硬，因为刺的巨大，就有了六足陆龟的名字，另外还有缅甸高山陆龟、亚洲大型陆龟、黑靴脚陆龟等别名。

黑靴常被发现于山区落叶林的小溪或水源附近，甚至高海拔地区也能见到它们的影子，因为靴脚陆龟更喜欢凉爽潮湿的环境气候，有很明显的微光和夜行性特征，不过也需要足够的日光浴，一般在夏季的6 ～ 9点之间。在温度过高时，它们几乎是在阴暗的角落睡觉，阴雨天气活动的很频繁，黑靴也觉得更自在。尤其是8 ～ 2月的雨季，活动特别频繁，野生黑靴一天当中都会躲避强光高温时段，只有早晨或傍晚凉爽了才会外出活动觅食，食物包括青草、蒲公英、海芋、果实、昆虫或动物死尸，非常广泛。

（1）喂食

人工环境下红薯叶可以作为主食，富含粗纤维，有利于黑靴的大便成形。桑叶也是黑靴的优良食品，能够维持正常的生长发育，同时，桑叶中的许多天然活性物质能够提高抗病能力。南瓜也是不错的，黑靴没有牙齿，南瓜质地比较硬，所以喂食南瓜时最好将南瓜切成薄薄的小块。开水烫一下，既然黑靴在野外吃到南瓜的机会少，为什么还要喂南瓜呢？是因为肠道寄生虫、结石是陆龟的高发病。南瓜具有的驱虫解毒，治糖尿病，化结石的功效。空心菜、红薯叶、桑叶、莴笋叶、油麦菜、大白菜、青菜、包菜均是比较好的食物，水果几乎都可以喂，香蕉、火龙果洗干净直接可以连皮喂，还有一样是黑靴的独家食材，那就是海芋科，包括芋头叶子，园林里的滴水观音、千手观音，因为海芋是黑靴在野外常吃的食物，可以适当的喂食，据说叶子微毒，有可能黑靴身体里早已适应了这种食物，对身体还有一定好处，比如驱虫，一般以秋天为主食，为冬眠前做好全面驱虫、清理肠胃做好准备。但是除了缅陆，其他陆龟千万别喂，有试过给啮齿类吃，毒性很大，基本上以死告终。另外，陆龟粮可以随时加入伙食里，对肠胃的吸收有很大帮助，特别是有拉稀的黑靴，龟粮是最好的调理食物。也可以是兔粮，肉类也可以适当投喂，一般一个月一次，每次少量，特别是怀孕、待产的母龟，可以适当加量，以确保营养蛋白质的吸收。另外墨鱼骨放一块，常年保持，有需要黑靴会自行取食。

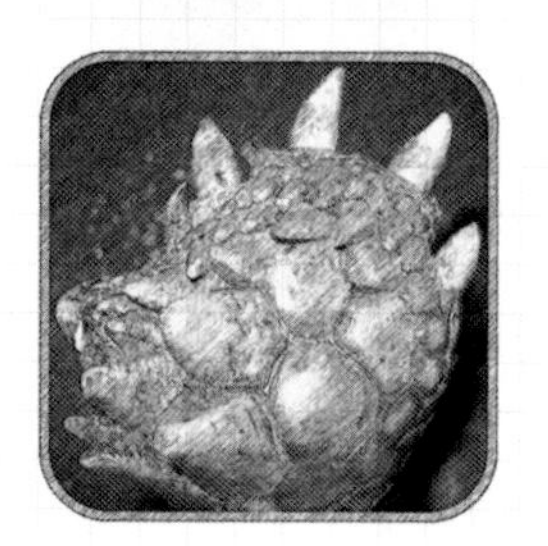

（2）环境

黑靴陆龟互动性很强，到家后一般一个月左右可以完全适应环境，很大胆，可以跟随人到处走动，上手接食。等熟悉了环境，留下了自己的气味后，在熟悉的生活环境中，黑靴领地意识非常强，盲目加入新龟，很容易被它攻击。黑靴喜欢凉爽潮湿的环境，所以饲养环境温度可保持22 ~ 29℃，白天晚上拉开温差，而空气中的相对湿度最好高于60%以上，幼龟环境温度最好不要低于20℃，以免造成肠炎，尽可能土养，或者庭院饲养，如果能装喷淋系统就更好了。

（3）冬眠

黑靴可以冬眠，因为原产地比较暖和，所以中国只有南方各地可以自然冬眠，其他地方也有冬眠例子，但是暴毙的惨痛教训也频频发生。当晚上低于20℃时，黑靴基本不会进食了，但是笔者没有提前停食，都是任由它吃到自己不吃为止，等到不吃了，就开始加温，放进爬箱里，因为白天还是会有30℃，晚上十几度，这个时候加温提高个三五度，是很省电的，经过观察，温控设备很多时候都是断电停止工作的。如果不加温，那就是清肠期，可以靠白天的温暖阳光清肠，排清肠道，避免冬眠肠胃出问题。当然如果不放心，也可以通过泡澡加速清肠，经过温水的刺激，加速肠胃的蠕动，这样比较保险，但是容易形成依赖。大概12月份，基本上都开始进入浅冬眠了，晚上低于15℃。冬眠的方法很多，关键是保湿保温，所以冬眠的时候一定不要在风口处。保持湿度，保湿媒介可以是苔藓、椰土、

山泥、红砂土、柏木屑、棕垫，定期喷水，基本湿度在65% ~ 70%，不透风，无光。偶尔大晴天，气候转暖，可以弄桶热水倒进盆子里，水温比常温高5℃，不能太热。给黑靴泡澡，补充水分，泡10min。3 ~ 5天检查一次，听每只呼吸是否正常，四肢是否反应灵敏，查看鼻孔是否堵塞、流鼻涕之类的。一旦发现不对，应该确定病情后，果断加温，结束冬眠。温度要从低到高，一天一天递增。还有刚到家第一年的黑靴，当年也建议加温过冬，因为经过路途运输，一般都体虚，冬眠的必要体能存储不够。当然，最好是模拟原产地，温暖的气候，春秋冬眠，冬天加温，或者全年保持温暖，毕竟原产地不冷。

（4）产卵和孵化

产卵前两三周左右，黑靴基本停止进食，并且四处选择寻找适合的产卵地点，除了晚上休息，白天基本全天来回走动，不停寻找，显得比较暴躁，并且到处刨坑。会在最初的几天，试挖坑，蛭石、黄沙必须厚度达到20cm，甚至到40cm，等到挖了几天，就开始要产蛋了，产卵一次大约四十枚，属于高产龟。

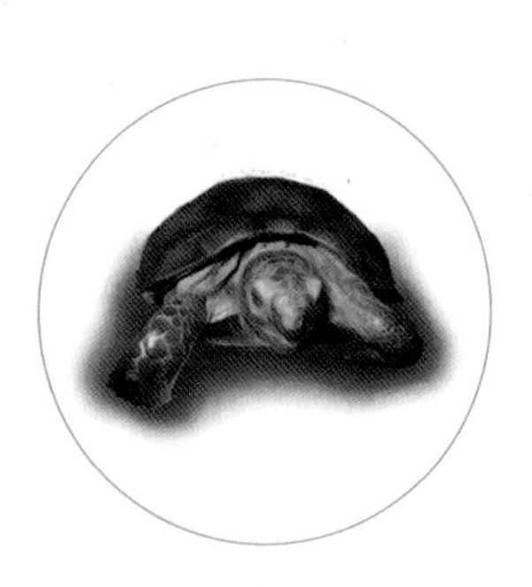

孵化池用蛭石和细砂混合，比例一比一。陆龟孵化湿度略低于水龟，卵下垫15cm，卵上覆盖3cm，湿度70% ~ 80%。自然温度孵化，卵生雌龟产卵后会守护巢堆7 ~ 20天之久以防其他动物侵害龟卵。这是黑靴陆龟在繁殖上很重要的一个特点。龟卵在25.6 ~ 28.9℃的温度下63 ~ 84天就能孵化。

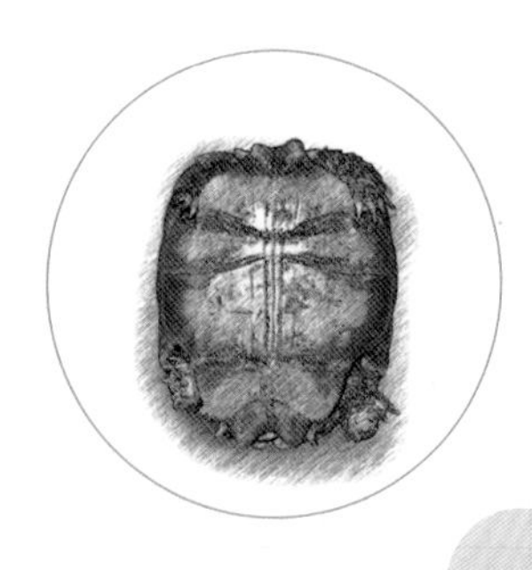

5　红腿陆龟

红腿陆龟以其绚丽的红色、黄色、黑色夺人眼目，又以其合适的价格，简单的饲养，而广泛流传于龟友之间。体型适中，30 ~ 45cm不等，属于森林陆龟，可食少量荤，并喜湿，无结石风险。属于陆龟入门初养者最理想的选择。

红腿陆龟（简称红腿）食性跨度很大，包括水果、深绿色菜叶、花、根、藤、草以及各类灌木叶子，还包括真菌类。甚至吃昆虫，比如蚂蚁、白蚁、甲虫、蜗牛、蚯蚓、蠕虫，甚至连腐肉、动物尸体以及肉食动物的粪便也不放过。所以，红腿一般和其他陆龟混养，最好体型别相差很大，笔者曾经将红腿陆龟和小蜥蜴一起混养，第二天，蜥蜴惨被吃掉。在野外，红腿陆龟偶尔确实会吃较小的动物，比如小蜥蜴、小蛇、小啮齿类动物，有时候为了消化和补充微量元素，也会食用一部分砂石、泥土矿物质。

（1）分类

红腿的杂食性以及强壮的体魄，使得它们分布及其广泛，不同的地区形成了特定的种群，不同的种群形成了不同的亚种，虽然形体大体还是一样的，包括食性，但是经过DNA的分析研究，确定了五个亚种，分为北、东北、西北、南、东这五个分类。

① 东北部亚种和东部亚种

众所周知，最有名的红腿是东北部亚种老版红腿和东部亚种的樱桃红腿两个亚种，即哥伦比亚、圭亚那红腿以及巴西红腿。老版红腿以前被称为普通红腿，现在很少看到，相比现在主流的樱桃红腿，老版个体较大，可以长到45cm，也有传说可以突破60cm。但背甲长到一定程度之后，中部会向里侧凹陷，俗称“葫芦腰”。背甲颜色比较深，不会出现爆白现象。头部无明显斑纹，以黄色居多，橘色和橘红、红色均为正常头色。樱桃红腿体型较小，被称为“侏儒红腿”，成体后，只能长到25 ~ 30cm，并且成体快，快速的生长速度，造就了樱桃红腿背甲黑色素沉淀来不及，从而产生爆白现象，当然，不是所有樱桃都爆白，相比老版红腿，虽然爆白，但是长大后背甲不会凹陷，并没有葫芦腰的现象，成椭圆形背甲。头部有明显红色斑纹，就像樱桃这个名字一样，普遍都比较红，一般来说，越红，红的面积越大，则品相就越好。不但头部红，腿也是越红越好；除此之外，樱桃红腿也出现了一种背甲上没有黄点，红色部分也特别少，整个背壳呈现黑色主调的品种，俗称“黑樱桃”。市场上逐渐已经被樱桃红腿占据了主导，但是广大玩家都更倾向老版的韵味。

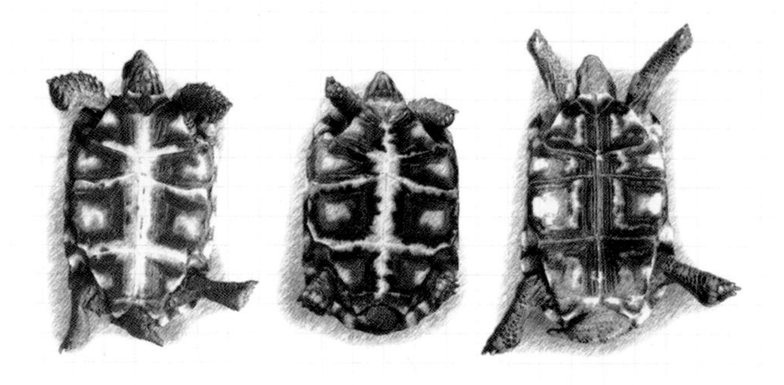

② 西北部亚种

西北部亚种是巴拿马红腿，分布在巴拿马东南部和哥伦比亚。类似老版红腿，但是它们的甲壳基本颜色是灰色，深褐色以及咖啡色，并非黑色。苍白的腹甲中间，有一小块黑斑，头部和四肢也和老版一样呈现浅黄色至橙色。但是比老版体型要小，通常只有30 ~ 35cm。

③ 北部亚种

哥伦比亚红腿，生活在哥伦比亚、厄瓜多尔和秘鲁。头部四肢的颜色一般为浅黄色至浅橙色，但是很少个体会出现红色，头与四肢颜色不同，体型和老版红腿相似，体型较小，体长为30 ~ 35cm。

④ 南部亚种

巨人型红腿，也叫格兰查科亚种，甲壳颜色为黑色或者黑褐色，有时鳞片之间会有浅灰色和白色，腹甲大部分都是对称斑驳的图案，体型巨大，能到达40 ~ 60cm。前肢也相对较大，宽厚，雄性并无“葫芦腰”特征，雌性体型平均尺寸比雄性要大。

（2）挑选

红腿陆龟是陆龟中最为主流、最容易饲养的理想品种，但是挑选的时候还需要掌握一定的技巧。

① 先看精神头，以活泼好动，不怕人为优，如果一直缩在角落，或者四肢无力，胆小怕人，缩的很紧，这类不要选。

② 看是否爆生长纹。健康的陆龟，都会爆生长纹，生长越迅速的陆龟，则生长纹越明显。生长纹最明显的地方，一般在腹甲中线位置。通常生长纹比背甲颜色更浅，甚至呈粉白色，以爆生长纹为有优先选取。如果没有爆生长纹说明最近没长个，吃得不好，有的长时间不长背甲，则为凹陷，并有脏物陷入，呈现一条深色的甲缝。这样的龟，尽量不要选择。

③ 品相完整，要保证龟甲完整，不错甲、不增生、不畸形。龟甲牢固，无松动人为粘住的情况。按压无液体渗出，近距离细闻，无腐烂体臭。观察指甲是否完整，身上是否有新伤老伤，品相完整者优先选择。

④ 状态，好的状态表现为，四肢可以直立，身体离地行走。鼻腔喷气有力，四肢健壮，抖动有力。食欲，在美食的引诱下，有进食表现，且大口朵颐。嘴部有深绿色吃菜叶的痕迹，看似比较脏。而不好的状态，则表现为，行走拖沓，身体拖地，面对食物无食欲，或者有食欲，但是不肯吃，或者吃几口而已。甚至大口喝水，长时间喝水。嘴口干净为状态不佳。

⑤ 如果龟当场便便，那就更好了，健康的便便是深绿色，或者深褐色的长条圆柱形，结实有型，外面好似有层薄膜包裹，并且便中无寄生虫，无特殊恶臭。肛门清洁，粉红，并无大便粘连。如果碰到拉稀，大便果冻状，便中有寄生虫，甚至有一股恶臭，肛门处粘连大便，那则为优消化道有问题，不应选择。

（3）喂养

家庭饲养陆龟食物要复合三个标准：高钙磷比、高纤维、低蛋白质。特别是幼龟，需要大量钙质用来满足快速生长的骨骼和背甲。陆龟都有着超长消化道，需要高纤维的食物来增强肠胃蠕动来健全其消化功能，而且喂食频率不宜过多，给与充足的时间来消化食物。如果长期用低纤维、水分过大的食物喂食，那么会导致陆龟肠胃蠕动不足，功能退化，甚至导致拒食，造成肠胃问题。如果频率过多，也会造成肠胃消化的不充分。个人比较推荐用红薯叶为主食，并搭配其他深色绿叶作为多样性食物的保证，比如桑叶、葡萄叶、紫苜蓿、空心菜、莴笋叶、苋菜、包菜甘蓝、油麦菜、蒲公英、芹菜、真菌类。像黄瓜、番茄、胡萝卜等一些水果，特别是热带水果，切记不要喂，如果实在想喂，可以吃完菜叶后当甜点喂。切记量要少，并在吃饱肚子的情况下作为奖励。

6　苏卡达陆龟

苏卡达陆龟是享誉全球的主流宠物陆龟，生活在非洲的撒哈拉沙漠南部，栖息在沙漠外围及热带稀树草原等开阔干燥区域，属于世界第三大陆龟，成体体长70 ~ 83cm，体重105kg，可谓重量级宠物。因为生活在较干旱的环境中，水分获取不易，除了结石需要注意外，其他几乎是无敌的。

苏卡达陆龟号称陆龟里的“坦克”，不但好养皮实，更特别的是两个粗壮结实、布满腿刺的大前腿，相比其他陆龟，更具爆发力，粗大的爆刺前腿除了能开挖洞穴，躲避炎热外，还能在遇到危险的时候充当盾牌，完全保护自己的裸漏皮肤以及重要的头部，就像大力水手的手臂一样，充满了力量。后腿同样布满了大块的鳞片，特别是大腿后侧有数枚圆锥形的尖牙状鳞片，显得格外霸气。背甲黄褐，幼体红褐，刚出生为浅黄色，前缘中央具缺刻，没有颈盾，为头部的伸缩进出提供了方便；缘盾锯齿，特别后缘锯齿状起伏明显；腹甲淡黄，坚硬厚实，后缘缺刻较深，公母形状有区别；四肢圆柱形，能轻松支起厚实的身体，且具较大圆锥状硬脊；具有大象一般的爪，前肢五爪，后肢四爪；尾短，淡黄色，尾尖具硬刺。 其外观与靴脚凹甲属的龟相似，但甲壳上并没有花哨的纹饰，从头到尾几乎是接近单纯的亮棕色。喉甲突出，某些雄性成体的喉甲尤为突出，并且前面及后面的缘盾也会明显卷曲，个性彰显的同时突显了粗犷、耀眼、野味十足的无穷魅力。

(1)结石

说到苏卡达，就一定会想到“结石”。沙漠型陆龟苏卡达为什么会结石呢？首先我们来认识一下结石的过程和本质原因，说到沙漠，大家一定知道水分获取不易，因此演化出一些特殊的保留水分的机制，就像骆驼一样，尿液反复利用，苏卡达龟的膀胱开口于泄殖腔侧壁，并未和输尿管相连，而肾脏所制造的尿液则由肾脏后端内侧细小的输尿管直接排到泄殖腔后，再回流到位于两肾之间，呈心形的膀胱储存，如此复杂的循环后，由于乌龟的肾脏缺乏亨利氏环，无法浓缩尿液，因而此时储存在膀胱内的尿液，其渗透压较血浆低，经过膀胱壁重吸收尿液中的水分后，可形成和血浆等渗透压的尿液，换言之就是浓稠、浆糊一般的半流动液体。当遇到水源时，陆龟便会把握住机会吮饮大量的水分，同时排出长期蓄积在体内的浓缩尿液。这就是苏卡达平时很少撒尿，但是只要开尿闸，量一般比较大的原因，特别是人工环境下，尿的反复利用率低，用开河形容一点不夸张。也因为如此，苏卡达陆龟并没有雨淋型陆龟的尿骚味，相对来说，是比较干净，无味的清爽型陆龟。苏卡达陆龟膀胱较强的储存尿液及浓缩尿液的能力，可能是容易结石的原因，野外有丰沛而适宜的食物和充足充盈的紫外线日照。世世代代生活在这里的苏卡达早已适应。但是当苏卡达来到我们身边，来到不熟悉的环境下。如果我们操作不当，或者环境违背自然原产地的情况下，苏卡达的尿液容易滞留在膀胱内，并且不断地进行浓缩的动作，而使尿液中某些能够形成结晶的离子浓度逐渐达到饱和，因尿液是多离子性的，尿液达到饱和点时，许多活性带电离子会起交互作用，若此时摄取的食物中含有大量容易形成结晶的物质，如钙、磷、草酸及蛋白质，尿液中的离子便会因过饱和而形成结晶，结晶慢慢地累积聚集，最后便形成了结石。一般结石常有两种以上不同的组成分，以含钙化合物占的比例较大，钙不吸收，或者补钙过多，例如磷酸钙及草酸钙等是结石重要原因之一，而磷酸铵镁及尿酸盐也是常见的结石成分。有时形成结石的物质其化学成分不同但晶体结构相似，此时两者之间可相互堆积而加速结石的形成，这个过程类似滚雪球。一旦发生无法排除的结石，到因结石而去世的过程不会超过二十天。

总结结石原因有三。

① 过于相信苏卡达的耐旱能力，特别是幼体，储存水量有限，加上表皮蒸发流失，直接间接的缺水，导致尿液反复利用，过于饱和和浓缩，这个原因，有可能是没有及时补水，环境过于干燥，或者日照过长导致脱水。

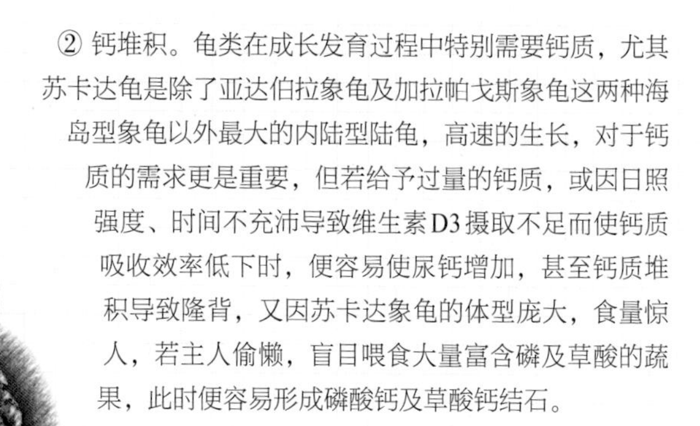

② 钙堆积。龟类在成长发育过程中特别需要钙质，尤其苏卡达龟是除了亚达伯拉象龟及加拉帕戈斯象龟这两种海岛型象龟以外最大的内陆型陆龟，高速的生长，对于钙质的需求更是重要，但若给予过量的钙质，或因日照强度、时间不充沛导致维生素D3摄取不足而使钙质吸收效率低下时，便容易使尿钙增加，甚至钙质堆积导致隆背，又因苏卡达象龟的体型庞大，食量惊人，若主人偷懒，盲目喂食大量富含磷及草酸的蔬果，此时便容易形成磷酸钙及草酸钙结石。

③ 气温剧降。在很多结石的案例中，由于过早撤掉保温设备，或者天气剧降温，而导致机能急速衰弱，肠胃功能受损，使得食物中易形成结石的物质成分以及相似的晶体结构，相互堆积而加速结石的形成，在X光片中，结石的位置通常比较靠身体中端。

（2）环境

首先，一个稳定、够大的爬箱，以80cm标箱为起步，别看苏苗才5 ~ 6cm，性格活泼好动的它，以每月0.5 ~ 1cm的平均值速度生长，在未来的三四年后，转身都困难的时候，就必须更换更大的龟箱了，爬箱能带一个地槽更为合适，也方便清理，苏卡达龟常会在龟箱里折腾，破坏力惊人，箱内的摆设越简单越好，因为苏卡达有挖洞习性，通过洞穴躲避高温，保存体表水分丢失。所以，国际养苏的方法，几乎都是土养法。幼体的垫材以无菌土为最佳，成体的垫材以更贴近自然的干草为好，有句行话，养苏就要像养牛一样。大便应及时清理夹走，定期泡澡，减少对垫材的排泄污染。土养也必须定期更换，通风消毒。若饲养环境中粉尘太大、排泄物积聚、通风不良时，苏卡达会流泪并易发呼吸系统疾病，甚至免疫力低下。

虽然定期泡澡，甚至每天泡澡，但是一个足够大，轻松进入的水盆也是必需的，苏卡达龟会自我调节体内水分的平衡和更新，有大水盆的苏卡达，常见自己排酸，因为只有苏卡达自己最了解啥时候该补水，啥时候该排尿。为了防止水盆水过冷和增加水盆的水分蒸发，一般热点控制在水盆附近或者上方。

苏卡达龟和大多数陆龟一样，是空气呼吸加热全身。箱子够大，也是保证温度的整体变化少、稳定、流通好的原因。虽然苏卡达是沙漠型陆龟，但是因为挖洞和大型灌木的温度调节，爬箱的环境温度建议保持在26 ~ 32℃，营造季节温差和昼夜相差不高于5℃。对模拟自然环境和提高龟的抵抗力有益。温度30℃，苏卡达会把较冷的泥沙泼在壳上及分泌大量唾液，并把唾液涂在前臂上降温。如果超过32℃，会造成龟的食欲衰退、脱水、产生结石，并出现夏眠状态，活动力下降。温度过低，也同样会有肠炎，呼吸道感染，产生结石，冻伤，免疫力低下的风险。苏卡达在栖息地喜欢挖洞隐藏，以保持良好的湿度和温度，而这个湿度50% ~ 60%比较适宜。如果龟的头颈、四肢出现脱皮现象，龟经常用前臂擦眼，睡醒后许久才能完全睁开眼睛，就需要提高湿度了。千万不要以为苏卡达是沙漠里的，就以风干、燥热的环境去折磨它。

（3）散养

在酷热的夏天，用敞开的大整理箱、水产箱来土养苏卡达这种巨型宠物，是不错的选择，如果冬天家里有地暖也是可以的，方法和箱养类同，少了加温设备。当然，这样的环境下，散养更好。只要在角落里营造一个30℃加温的小区域，圈起一大块自由地，就可以放心地让苏卡达在家里溜达了。既然散养，温度湿度就要大环境的去营造了，一般散养也是针对较大的个体。相对更为皮实，活动量更大，也更有互动性。散养下的苏卡达，会和灵性很强的狗狗一样，有固定的窝睡觉，固定的地方大小便，饿了会围着您讨吃的，甚至会跟着主人四处散布，包括出门溜达。

（4）喂食

苏卡达陆龟的饮食结构就像牛一样，胃口非常好，而且消化能力在众多陆龟中也是最让人放心的，主食基本上以鲜草、干草以及绿色多纤维叶子为主。草料多为黑麦草、苜蓿草，甚至可以用兔子吃的草料。幼体苏卡达肠胃比较嫩，多以鲜草、新鲜菜叶为主，干草会比较困难接受，蔬菜加草粉是不错的选择，其中以红薯叶为最理想，可以完全当主食，其他包括暗绿色的莴苣、羽衣甘蓝、蒲公英、车前草、油麦菜、玉米叶、葡萄叶，只要纤维高，均可喂食。草酸含量很高的一些蔬菜禁忌，比如桑叶，菠菜。平时准备一小包龟粮也是有必要的，除了以备不时之需外，还能补充全面的微量元素和营养。其中以兔粮和专业进口的草原型陆龟粮为主。在这些主食喂饱后，为了增进和龟的互动，可以适当投喂一些水果作为奖励，比如胡萝卜、西瓜、甜瓜、苹果、香蕉、豆子、豌豆、杏子、桃子、仙人掌和草莓类植物。一定要记得，这些是在主食之后的一点小甜点，千万不能当主食。且不说挑食、厌食，一旦肠炎，有生命危险。还有一个食物是墨鱼骨，这个网店和各大中医药店都有出售，这是最容易吸收的钙物质来源。只要放那就行，你会发现，苏卡达会自主去啃食，既能补钙，又能磨喙嘴，促进其良好的生长。

（5）泡澡

仿佛地球人都知道，苏卡达要泡澡，但是频率争议比较多，大多数人建议每天都泡，但是要满足以上说的土养法的前提下，提供的水盆要够大，使其能整个浸泡下去，但也要够浅，能进出自如免得被淹而溺水。有人建议幼龟一周三次泡澡即可，亚成体时候一周两次。每次泡澡时，可以用牙刷给它做一次清洁，除了刷干净全身，以免脏物渗入幼嫩的新甲中，也是刺激排尿，这是苏卡达的天性吧，小心尿你一身，尾巴一定要朝外。泡澡的目的，自然是补充水分，排清宿尿以及尿酸。而尿酸，又分很多种：其中以雾酸为最佳，这种酸一般不宜察觉，就融入水中，

消失殆尽。很多龟友都会以看不到酸而紧张，甚至想出了甩龟排酸法。其实只要龟健康，是可以认为排雾酸的可能性的。然后就是蛋花酸，就像在水里打了一个鸡蛋，这种白色明显的液体状酸，也是非常不错的，虽然没雾酸好，但是起码容易辨识，显而易见。然后是泥沙一般的半固体酸，这类就说明，补水有点懒了，但是还是属于健康范畴，只要日照充足，环境湿度上升一点，可以有所改变，以上几种，都以暴生长纹，为最终验证排酸的好坏。最后一种，是小碎石酸，甚至有大石块，或者像壳一样的碎边外围，这类酸，表明体内必有结石，排出来的，有可能是全部，也有可能只是结石的冰山一角，这种情况下，如果已经不暴生长纹了，一定要去宠物医院，拍一张清晰度高的X光片，查看结石的位置和大小。做到早发现、早治疗。

（6）繁殖

苏卡达在国外已经有很长的繁殖历史了，每年有几千上万的苗出口到世界各地，苏卡达雄性个体要早于雌性成熟，成年雌性的个体要大于雄性，一般能大上1/3左右。成年雄性苏卡达尾巴又粗又长，而雌性尾巴细短；雄性腹甲肛盾缺刻小，而雌性缺刻很大，方便下蛋。雄性的腹甲有交配造成的凹陷而雌性的腹部较为平坦；雄性的泄殖腔离腹甲末端较远而雌性离得较近。另外一般雌性背甲斑点较少，壳圆而较宽，显现出白苏卡达龟的特征,而雄性则每块背甲上都有灰色斑点并且甲型较长，但在长大的过程中斑点会逐渐消失。所以千万不要迷恋白苏。在野外，苏卡达龟一般在9 ~ 10月份进行交配，而这个季节国内很多地方已经开始变冷，通常在雨季过后，至来年的3 ~ 4月份产卵。这时候，雄性苏卡达龟会变得十分暴躁，它们之间会通过撞击对手的身体来争夺领地和雌性。所以很多公苏的壳都有或多或少的损伤。等到来年开春，雌性苏卡达会挖掘沙池洞穴并产下15 ~ 30枚卵，然后掩埋。经过3个月左右的孵化（温度27 ~ 30℃），小龟破壳而出。刚出壳的小龟会带有一个卵黄，注意不要弄破，也不要喂食，等到它自行吸收掉卵黄后就可以进行正常的喂食了。

7　豹纹陆龟

豹纹陆龟（简称豹龟）是世界第四大陆龟，非岛屿龟中排第二，赫赫有名，主流宠物陆龟，从40cm不到的赞比亚豹龟，到80cm的索马里豹龟，在美丽豹纹点缀的映衬下，这种野性的魅力深深吸引了大家。

（1）豹龟的亚种

豹龟亚种分为大家耳熟能详的那几个词:东豹、西豹、白豹、索豹，赞豹。

① 东豹和西豹

东豹西豹是目前市场上广泛流通的元老级豹龟，一般玩家手里的几乎都是东部亚种，俗称东豹，而西豹相对稀少，西豹也叫纳米比亚豹纹，属于南非豹龟亚种，身价不菲。因为这两种亚种之间极为相似，差不多的体型，一样小碎花豹纹，如繁星点点。有时候，东豹花纹更为鲜亮、明快。

目前东西豹分辨的最佳时机是幼体时段，东豹的胎盾上没有斑点或是一个点，而西豹是两个或者两个以上的点。就这条定律来看，很多商家，大肆宣扬贩售的西豹，多少还是不合格的，有人质疑是杂交的后代，但是单单从图片上还是能看出一些端倪，标准的西豹，花纹清晰，每一枚胎盾上的斑点均超过两个，东豹最多一个，而且有一圈浅色波纹纹理，而杂交个体，正好介于这两者之间，有斑点，但是有的多，有的少，一个两个共同存在。如果不是真正的豹龟收藏发烧友，确实没必要花几倍的价格去冒这个险。

② 白豹

东西豹的争辩，又衍生出来一个新的名词，白豹。很多龟友间流传这一句话，白豹即是西豹。随着白豹的越来越多，有了另一种说法：白豹就是激素催起来的豹。面对众说纷纭，该怎样分辨?

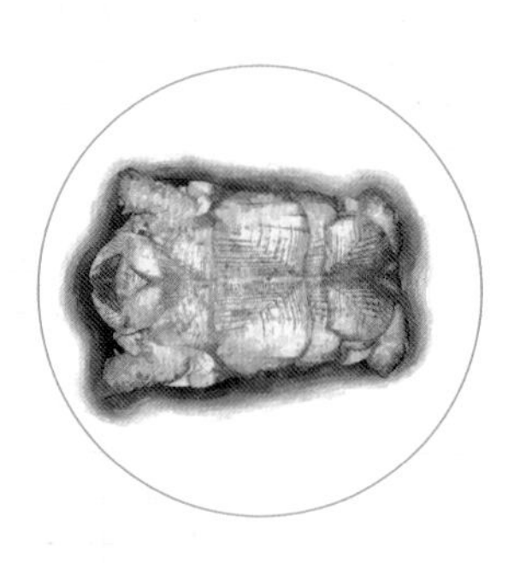

笔者个人的理解是，白豹，顾名思义，长的白的豹龟，既然这样，它可以是西豹，也可以是东豹，可以是幼体豹，也可以是成体豹，既然白不能代表一个亚种，这里就引申到了下一个概念：究竟白豹是怎么来的。很多人说是激素催的，或是生长太快黑色素跟不上造成的。比较被认可的观点是阳光的缺乏导致甲壳颜色的通透。有点像白天睡觉晚上夜班的人，肌肤普遍白皙的道理。其实一只日晒充分健康的豹子，无论黑斑多少、亚种为何，壳甲底色都应该是淡黄色的。

虽然有句老话，一白遮百丑，确实白豹的视觉震撼是不言而喻的，但是遵循自然法则，令其花纹最自然，保持最完美体型又活泼健康，才是真正对一个物种的崇敬和尊重。

③ 索豹

既然豹龟是第四大陆龟，为什么很多龟友的豹，都长得很慢、很小，还不算大就有繁殖交配的迹象？在国内大多数玩家手中的豹龟应该多为东部亚种中较小的群体，雄性一般在20cm即会表现出性征，25cm时即可繁殖。

代表着第四大豹龟的是体型巨大的索马里亚种，它可以说是豹龟收藏的终极梦想。的确，埃塞俄比亚地域的品种是最新发现能长到巨大的个体，可以长到80cm以上，比一般豹龟大上一倍，甚至比苏卡达还要大，也有人说是苏豹杂交的个体，在外形上看来还真的很像，苏卡达的底色加上不很明显的豹斑，只是目前尚无法证实，学术上还没有最终确定其亚种地位。

④ 赞豹

说完巨型豹，一定要说说迷你豹，没错，在非洲的中部，还生存着一类迷你超小豹龟，俗称赞比亚豹龟。体长最大不超过40cm。不过和索马里亚种一样，都还只是待定的亚种称谓，没有最终确认。

（2）环境

我们能满足湿度的最佳办法，就是土养，也许只有10cm，但是足够让豹龟感受到家的温暖了，垫材要做好杀菌处理和定期替换，可以自己选择，个人比较推荐无菌土。也可以去挖山土、花园土，需要经过烈日暴晒，微波炉加热杀菌。

土养还有一个好处，就是保温，用过土养的玩家都发现，加温比以前省电了，爬箱里水汽增加了，温度增加的同时，还要做到通风，如果够勤快，一天要开爬箱几次，那封上透风口，也是可以的，很多老玩家为了保温和大环境温湿度的稳定，定做的爬箱都没有窗户，这样的爬箱胜在够大、土厚。当然，如果家里有暖气，大环境温度也不低，那爬箱有对流空气的通风口，是最好不过了，高温、高湿度，配合通风的舒适，隆背只会和您的豹龟说拜拜了。

（3）喂养

高温通风的土养法，满足了健康不隆背的外在原因，那么内在原因就是一个合理的肠胃膳食了，豹龟的最好的食物，就是草，各种草，鲜草、干草、草饲料、草粉以及草为主的龟粮。试着对比这两种画面：一个画面是：野外的豹龟，满草原的爬，排出来的是布满干草和种子的紧实坚硬的大便。另一个画面是：一个雍容华贵的爬箱里的豹龟，每天都在一个角落，吃着嫩绿嫩绿可口的油麦菜叶，却每天留给主人的是一堆稀烂腥臭的软屎。不得不说，豹龟肠胃的脆弱，很大一部分原因是我们给的糟糕环境和过于热心的食物造成的。不能因为运动量少就不给粗纤维，只有足够的粗纤维才能大量创造龟所需要的有益菌群，才能给与这种食草型爬类足够的肠胃蠕动。很多饲养者手中的豹龟肠胃已经很脆弱，此时不能心急，不可以一下子换成很粗的饲料，可以在水分少的蔬菜中加上草粉和部分剪成小段的干草，一点点加大干草比例，当然也可以用新鲜草代替干草，适口性更好一点，干草饲养法在国外已经被推荐很多年了，笔者的龟现在菜和干草是一半一半，当龟越来越大，拥有坦克般的身型时，全干草也会发出津津有味的咀嚼声。当大口嚼食干草而不挑挑拣拣的时候，恭喜你，它的健康肠胃系统基本建立。如果有心，还可以仿生草原的食物系统，比如自然界中植物会发芽，长大，开花，结种子，变干枯，所以我们也应该适量喂一些花、种子、干叶，种子还可以提供不饱和脂肪酸。

8 辐射陆龟

辐射陆龟属于放射陆龟最大种，也是放射花纹变化最为多变纷繁的。有的似烟花，有的似太阳。辐射陆龟只有一个亚种，背甲长达40cm。属于马达加斯加岛原著居民，分布区域包括非洲、南美、南亚和东南亚，喜欢干燥的灌木林区。

辐射陆龟所谓“放射状花纹”，是指每块盾甲中心有一块颜色鲜明的黄色或橘黄色斑块，以斑块为中心向四周发散出数量不等的4 ~ 12条同色条纹。随着年龄的增长渐渐扩散开来。根据色块和条纹的大小数量不同，辐射陆龟又被分为普通辐射和黑辐射、烟花辐射、满花辐射、太阳辐射以及反花辐射。与辐射龟一样具有放射纹的还有缅甸星龟、印度星龟、星丛陆龟、平背陆龟、饼干陆龟、蛛网陆龟。不同的是，辐射龟体型是陆龟里特别高圆而饱满的。花纹也有所不同，印度星龟、缅甸星龟的放射纹是黄底黑花，而辐射龟是黑底黄花，幼体到十五厘米是最为艳丽的。随着环境变化，年龄的增长，黄色条纹会随之减少，一般成体辐射龟，很少能保持鲜艳的花纹，所以，以花纹去评价一只辐射陆龟，是个人的喜好问题，也是商家卖高价的一个噱头。是否隆背，是否粘甲，后期饲养的发展和坚持，才是恒量一只好辐射陆龟的标准。

辐射陆龟和安哥、苏卡达、黑靴一样，雄龟的喉盾比雌龟要更为突出，这是分辨成年龟的显著特征，突出的喉盾，就像一对犄角一样，在其繁殖交配季节可以用来和其他雄龟作为打斗的重要武器，为了争夺交配权，一直到将对方顶翻为止，辐射龟浑圆高背的体型也是为了翻身容易。

辐射龟可以说是陆龟里的贵族，除了玩家当它掌上明珠外，在野外也是养尊处优。辐射龟以青草、多肉植物和果实为食。进食细嚼慢咽，生性体格健壮，肠胃也皮实，排泄量较其他陆龟算少，而且成型易清理，无异味，所以被称为“陆龟中的贵族”当之无愧。最出名的是吉尼斯世界纪录中,英国库克船长在公元1777年送给东加王国国王的一只辐射龟,活到1965年才寿终正寝,足足活了188岁。

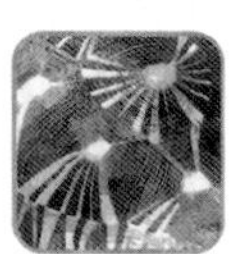

（1）分类

辐射龟只有一个亚种，但是玩家根据花纹不同，做了以下几种分类，这里简单描述，以方便大家理解。

① 黑辐射

顾名思义，整体偏黑，黄色花纹细而少，黑辐射的高圆饱满体型是一大亮点。还有几个优点是：体健耐寒，抗病力较强，成长速度较快。

② 烟花辐射

花纹比较细，比较密，黑黄花纹基本上一样多并且成对称分布，多为分叉密集花纹的辐射龟。

③ 满花辐射

纹路比较粗，黄色占了大多数，并均匀分布，但不是每个盾片都能达到这个标准的，脊盾满花的叫做顶满，还有大满花、小满花。

④ 太阳辐射

属于比较贵的一个品相，特征是背甲黄色纹占绝大部分，黑色条纹少，花纹很满并且较粗，分布均匀，不分叉，不粘连。

⑤ 反花辐射

又叫白辐射，比太阳辐射的黄色花纹更粗更大，以至于有一种黄底黑纹的错觉，和太阳辐射的区分是，颈盾和缘盾太阳辐射黑的多，而反花黄的多。

辐射龟的花纹不是一成不变的，随着饲养环境，食物日照的不同，也会随之变化，一般来说，湿度增大，对花纹的增粗，增多有一定促进作用。养好了，普通品相可以变好。

（2）喂养

辐射陆龟肠胃皮实而容易饲养，纯素食性，对食物种类不像个别陆龟那么挑剔，各种含钙量高的蔬菜都可以尝试，红薯叶、桑叶、小油菜、小白菜、油麦菜和胡萝卜、甘蓝，南瓜都是不错的食物，最好同时给一些纤维含量高的野菜野草，如苜蓿、黑麦草、车前草等。人工饲养下往往会过度投喂，不要追求它们的快速生长，避免不适当的膳食结构导致辐射龟背甲扁平或是隆起。提供适当的湿度，充足的直晒日光，避开酷夏高温。定期补充专门的钙粉会让它们的龟壳生长更均匀和致密。喂食时不可将食物直接放在沙地/土地上。细小的沙粒不能被龟类的消化道所分解，会导致龟因沙粒堆积在消化道而死亡。所以喂食时要避开沙地。

（3）繁殖

当雄性达到30cm，就会尝试着交配，而能成功交配的雌性，则要比雄性辐射龟大几厘米。而真正稳产的雌性，需要33cm。

当雌性准备产卵时，会变得多疑，四处找合适的沙地，经过几次挖洞后，最后会用后腿挖出一个17 ~ 18cm深的水瓶状的洞。在这个洞里，产下3 ~ 12枚近乎球状的硬壳的蛋。埋上土，盖好，靠自然温度开始孵化。在野外，放射陆龟的蛋的孵化期是不同的，不过，总的来说都是相当长的，需要145 ~ 231天。放射陆龟的稚龟在刚孵化出来时，大小在32 ~ 40mm。它们背甲很鲜艳，条纹是白色的，经过日照由白变黄，成体的条纹是黄色的。刚孵出来的稚龟身上的网状条纹已经是很清晰了，容易分辨。

（4）环境

辐射龟的大白腿，表明能够很好地适应湿润的环境，大多玩家入手的辐射龟，基本上属于幼体、亚成体，保证一定湿度，不但能让龟保持健康，也能保持辐射花纹的持续。室内饲养需要一个相对舒适的爬箱，可以根据龟的体型成长而慢慢加大，一般为60 ~ 240cm，避免沙土，可以用泥炭土、杉柏类木屑碎皮，保持整个环境中爬箱所需要的相对湿度，除此之外，日照也是辐射龟必不可少的，爬箱饲养，可以配备100W含有UVB的太阳灯，日照点达到32℃左右，作为日常紫外线补充来源。充足的日照UVB的吸收，能让辐射龟生成维生素D3,从而吸收钙质，避免隆背和缺钙。另外提供一个水盆，还要营造爬箱温度梯度差。

夏天如果需要散养，可以选择一个没有天敌，避免一切攻击的安全户外区域，可以用护栏、围栏、网格圈起来，四周能触及的地方，避免尖锐物的划伤。避免高温炙烤的环境，必须有一块避暑阴凉的躲避洞穴，可以用类似狗屋，或者储物柜代替，环境需要潮湿、凉爽、安全。室外的水盆一定要大，避免过快的水分蒸发，也可以直接做个浅浅的水池，作为日常饮水和避暑用。当气温低于20℃的时候就有必要移居室内，成年辐射龟最低忍受温度是16℃。春秋气温不稳定的时候，请记得提前结束户外散养。

9 安哥洛卡陆龟

安哥洛卡陆龟（全名为安哥洛卡挺胸角陆龟，简称安哥），被誉为“陆龟之王”。除了是因为极其珍稀外，更是马达加斯加岛土著人的图腾崇拜。原产地野生数量不超过四百只，主要分布在马达加斯加岛西北部。1986年进行了严格的保育并顺利繁殖了后代。同为马达加斯加岛的居民，安哥象龟没有亚达象龟那么庞大伟岸，雄性安哥平均长度只有41.4cm，而雌性平均长度只有37cm，一般都能轻松抱起，最重10kg。安哥也没有辐射陆龟那样拥有绚丽多彩的放射花纹，全身以金黄色、咖啡褐色为主。但安哥最吸引大家的，恐怕就是那圆球状的饱满体型，配上那长长喉盾吧。不但如此，安哥性格也是能动能静，得体大方。作为陆龟之王，全身金黄色，仿佛一尊国王的王冠，充满王者的气息。

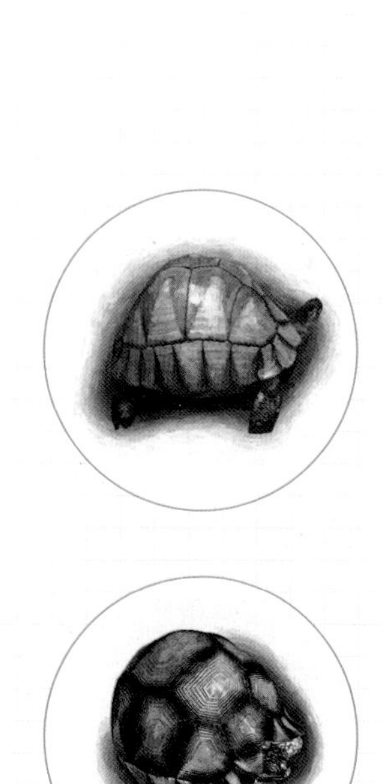

野生的安哥背甲呈显著的圆顶状，全身金黄，每个盾片都有明显的年轮，盾甲的连接处为深褐色。雄性安哥体型较大，相比体重，背甲高度也高于雌性陆龟。而人工养大的安哥，金黄色的部分会比较少。深褐色居多，每一缘盾前缘均有暗褐色三角形斑纹，因为市面上比较少，常被误会为苏卡达。但是价格相差甚远，一只安哥基本上可以抵一辆代步小车的价钱。如果购入，最好腹甲超过8cm，以气温温暖的夏天为佳，并且需要提供齐全的加温爬箱设备。

（1）喂养

以多粗纤维、深绿色蔬菜叶子为主，其中番薯叶可以作为主食，搭配油麦菜、莴笋叶、菜心、黄花菜、大白菜、娃娃菜、芥蓝、甘蓝、空心菜、桑叶等。也可以饭后喂少量水分少的水果。龟粮如果能接受，在买不到菜的时候，也可以选择，龟粮也能补充一些微量元素。

爬箱里，墨鱼骨也不能少，安哥会不时啃咬来补充所必需的钙质。充足的日照直射也是必不可少的。冬天则需要太阳灯人工紫外线UVB的补充。

（2）环境

土养比较好，配合一定的泡澡，湿度控制在60%～75%，保持空气对流，但不能影响温度，维持在热区32℃，冷区25℃。可以观察安哥进行调整，不管如何调整，冷区热区是有必要的。泡澡一般三天一次，如果想让安哥水中排泄，可以一天一次，冬天两天一次。只要习惯了泡澡排泄，相对也比较干净。

（3）繁殖

一只安哥要长到成体，需要30年以上才能性成熟。成熟的安哥，可以在一年四季任何一个时分产卵，只要保证温度。通常每年10月到次年4月产蛋，所以一个产蛋池是必需的，做好产蛋的隐蔽性，让安哥充满安全感，池内放入湿度高一点的泥炭土、黄沙、苔藓以及蛭石混合物的底材，铺的厚度要足够的深，防止雌龟挖洞的时候，挖碎了其他雌龟已经下好的蛋。

通常怀孕即将产蛋的安哥，会减少休息的时间，四处走动，一副躁动不安的架势，这是雌性安哥在找育婴所，可以通过摄像头把雌性安哥的产卵点记下来，以便轻松找到蛋宝宝，并作好记号，带回人工孵化。

通常一窝产完的蛋，是雌性安哥的一次产卵，有可能是一颗两颗蛋，数量不等，一些体型较大，更成熟健壮的雌性安哥，甚至可以下15颗蛋。而这种产卵的活动，频率不止一次，安哥洛卡象龟一年内会分几次，陆续把蛋生下来，并覆盖掩埋好。

（4）孵化

只要温度湿度符合，空气流通，理论上就能孵化。目前通常都用蛭石，也有其他孵化介质。方法也有很多，但是陆龟孵化湿度要低于水龟，通常以半埋、裸孵为主。相比能繁殖安哥，孵化方面应该也比较熟悉了。安哥洛卡象龟的孵化时间比水龟要长，孵化时间都要达到105 ~ 202天，平均为150天左右。这是根据积温的不同而定的。而孵化的温度31℃以上均为雌性个体，低于28℃则为雄性个体，太高的温度，虽然可以缩短孵化时间，但是也会造成低的孵化率和错甲畸形率。

安哥宝宝破壳而出后，这个时间段，需要更多的时间去照顾观察，及时把破壳的安哥苗放入龟苗保育箱内饲养，有的破壳安哥宝宝甚至还会带着蛋黄，需要清理蛋黄上的碎蛋壳，并用生理盐水消毒，然后放在原来破壳的孵化器内，维持同样的温度湿度继续观察，等安哥宝宝卵黄彻底吸收完，就可以放入保育箱内。

10　亚达陆龟

亚达伯拉象龟，别名阿尔达布拉象龟、塞舌尔象龟。目前普遍认为亚达伯拉象龟的推算平均寿命超过200岁。文献记录最长寿命为225岁，对于这种能传三代以上的庞然宠物龟来说，一万多元一只苗的价格，相当具有诱惑力。

看多了鲜艳复杂，华丽而娇贵的其他龟，再看看纯黑幽亮、造型简约大气的亚达伯拉象龟，更给人一种淡定之中的震惊。亚达伯拉象龟的壳型主要有两个类型。食物主要是在地面上取得时，脖子上的壳会呈一个高耸的圆形锅盖状，方便其脖颈向下延伸，远看就像一个黑乎乎倒扣的大锅。当食物主要是在更高的树枝上时，亚达伯拉象龟前半部背甲高高翘起，背甲平滑，有明显的倾斜状，犹如一副马鞍。鞍背龟的身体结构使它们能够吃到更高的植被，获得更多的食物。配合宽阔厚重的甲壳，粗壮如石的四肢，便是四根坚实牢固的“房柱子”。而亚达伯拉象龟的“象龟”之称就是因其粗壮的四肢形似大象的腿而得名。

（1）亚达伯拉象龟的鉴别

一般市场上出现的均为亚达伯拉象龟，世界第二大陆龟，保护级别为CITESII。而另一种是加拉帕戈斯象龟，属于CITESI的保育类动物，世界第一大象龟，并且无法进行商业上的买卖，那怎么区分这两表兄弟呢？

① 颈盾区分法

加拉帕戈斯象龟百分之百无颈盾。亚达伯拉象龟百分之九十有颈盾，百分之十无颈盾。如果你看到一只疑似加拉帕戈斯象龟或亚达伯拉象龟的巨龟，你可以先看有无颈盾，如有的话，那肯定不是加拉帕戈斯象龟，如没有的话那它有可能是加拉帕戈斯象龟也有可能是亚达伯拉象龟。

② 鼻吻距区分法

鼻吻距指鼻孔到嘴巴的垂直距离，已成体或亚成体的加拉帕戈斯象龟的鼻吻距较短，从侧面看有点像北京狗的味道(脸较扁，塌鼻子)，而亚达伯拉象龟相较之下就显得鼻管较长。仔细看会发现，加拉帕戈斯象龟脸部更像苏卡达。这里要提一下的是，加拉帕戈斯的腿鳞片非常突起，有点像苏卡达那样，但是不明显，相比较，亚达伯拉象龟的腿，显得光滑稚嫩一点。

③ 壳纹区分法

此法只适合用于幼体判别。加拉帕戈斯象龟的幼体在盾与盾之间有明显的白斑，亚达伯拉象龟的幼体则无此斑纹。如此交叉对比下是加拉帕戈斯象龟还是亚达伯拉象龟立即一目了然。

（2）喂食

巨型的亚达伯拉象龟很能吃。成年亚达，食物都是用小推车，而铲大便都是需要铁锹的。亚达算是一种日行草食性为主的爬行动物，它们的主要食物严格遵守两高一低，即高钙磷比、高粗纤维、低蛋白质。尤其刚入手的都是幼龟，对于快速生长的亚达来说，大量的钙磷质是非常有必要的，加上亚达的消化道极其绵长，虽然比不上牛有四个胃，但是也需要高纤维质来增进亚达肠胃的蠕动和健全的消化。在人工饲养环境下，亚达的食谱中严禁出现肉类、豆类、淀粉等一些高蛋白食物，主食可以是鲜草、甘草、红薯叶、苜蓿草、青菜树叶，尽可能准备高纤维草蔬类，而苹果、香蕉、西瓜，火龙果以及各种瓜果可以为辅。并且每周要定期在食物里搅拌一些维生素、钙片等，获取足够的微量元素。这些食物尽可能不要冷藏，做到现吃现买，新鲜为主，如果投喂过期、冷藏过的食物，除了造成肠胃的不适，更重要的是会破坏果蔬里的纤维含量，导致亚达的

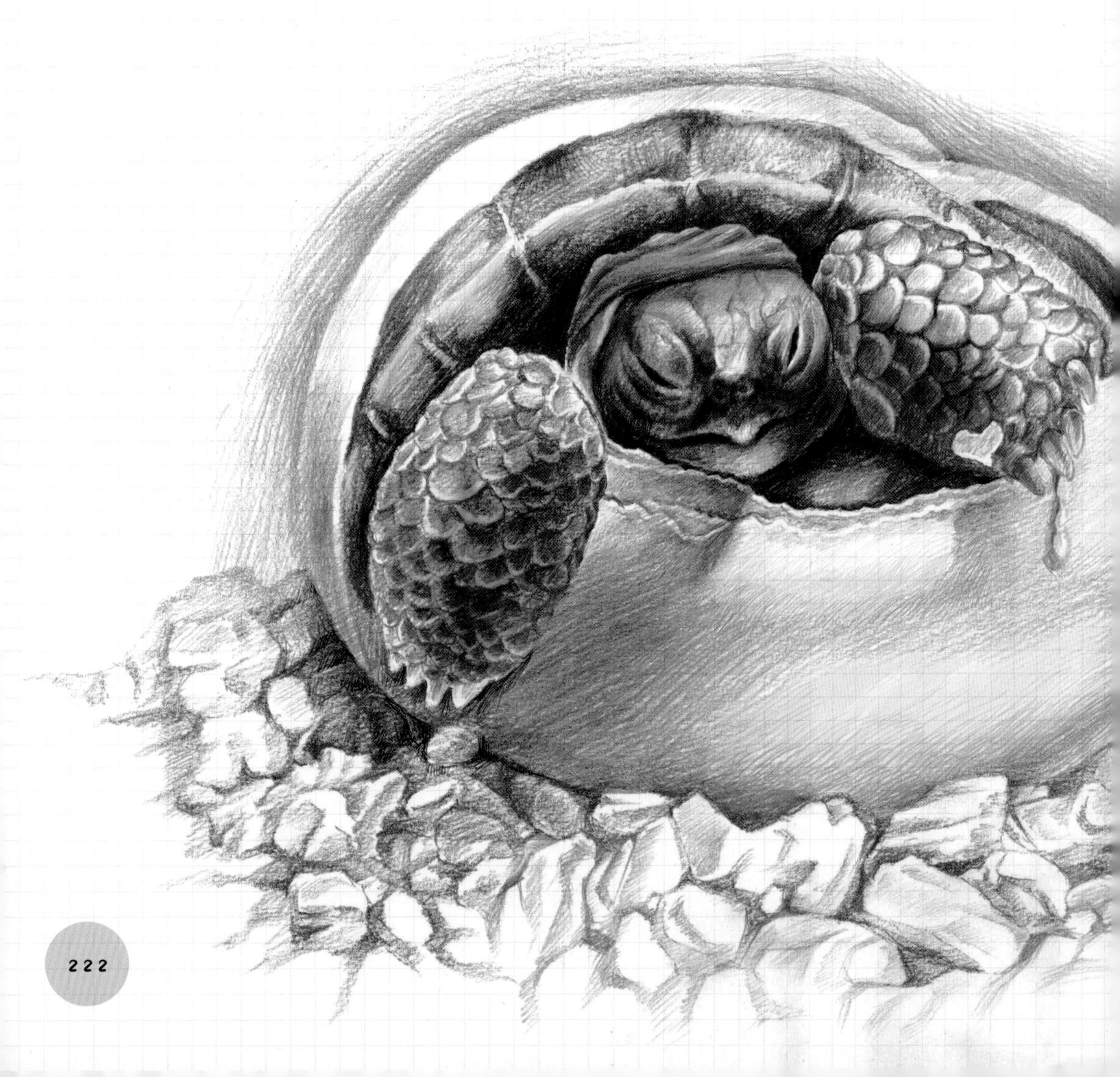

肠胃蠕动不足，而产生的相应退化，长期如此，亚达很有可能产生拒食，甚至造成脱水。

根据亚达的个头大小，投喂食物的频率也要控制好，一般幼体两天一喂，随着长大，可以拉长这个频率，两龄亚达，一般就可以三天一喂了。隔天或者隔几天的喂食有助于亚达的健康成长，这个也可以从它们的排便情况进行判断分析，每天观察，通过粪便的成型情况判断消化情况，一般较硬的粪便才表示它们的消化系统是健康的，食物的消化是完全的。如果大便过硬，也可以通过泡澡来改善。在野外，亚达会有集体泡澡的习惯，常常是排队泡澡，一个泡完澡，便会慢悠悠爬上岸，而另一个再下去，泡澡的场面有点像澡堂的热闹劲。泡澡不但能通便舒爽，还能杜绝体外皮肤表面的寄生虫的生长，提高肠胃蠕动，增加食欲，能补充充足的水分，减少囤积尿液而形成尿酸的时间，进而有效避免结石。

（3）环境

亚达是巨型陆龟，成年以后，必须要有个房间单独饲养，以备过冬加温。而回暖后，必须户外散养，因为光照通风和运动量都有严格要求。大片草地、大树荫、巨大的躲避洞穴，以及一个足够大的水池都是亚达喜欢的环境。亚达象龟更喜欢高温和明亮的饲养环境，空间要够大，它们也能忍受13℃的低温，但是不宜过久。当然也很耐热，但是一定要有避暑环境以及保证清水的水池。如果到了繁殖的时候，最好两性分开饲养，这样可以促进繁殖的效果，成功率比较高。亚达体大蛋多，可以称得上多产的光荣妈妈，雌龟可产下9 ~ 25颗网球般大的蛋，温度大约在30℃，湿度维持在85%左右，需要95 ~ 200天孵化，通常在130天内出壳。出身幼龟体长约6cm，这个尺寸已经比其他陆龟大上一倍了。